曹远强　曹艺璇◎著

超级有趣的
物理小实验
（上册）

U0261035

中国铁道出版社有限公司
CHINA RAILWAY PUBLISHING HOUSE CO., LTD.

北京

图书在版编目（CIP）数据

超级有趣的物理小实验．上册/曹远强，曹艺璇著．—北京：
中国铁道出版社有限公司，2023.5
ISBN 978-7-113-30029-6

Ⅰ.①超…　Ⅱ.①曹…　②曹…　Ⅲ.①物理学 - 实验 - 少儿
读物　Ⅳ.① O4-33

中国国家版本馆 CIP 数据核字（2023）第 044904 号

书　　名：**超级有趣的物理小实验（上册）**
　　　　　CHAOJI YOUQU DE WULI XIAOSHIYAN（SHANG CE）
作　　者：曹远强　曹艺璇

责任编辑：奚　源　　编辑部电话：（010）51873005　　电子邮箱：zzmhj1030@163.com
编辑助理：韩振飞
封面设计：刘　莎
责任校对：苗　丹
责任印制：赵星辰

出版发行：中国铁道出版社有限公司（100054，北京市西城区右安门西街 8 号）
网　　址：http://www.tdpress.com
印　　刷：北京盛通印刷股份有限公司
版　　次：2023 年 5 月第 1 版　2023 年 5 月第 1 次印刷
开　　本：889 mm × 1 194 mm 1/24　印张：10.5　字数：187 千
书　　号：ISBN 978-7-113-30029-6
定　　价：58.00 元

本书中所有小实验请在家长现场指导及帮助下完成。

前言

    梦琪和艺璇是表姐妹，姐姐梦琪刚上初中，从小就特别喜欢科学课，喜欢动手尝试书里的小实验。妹妹艺璇是小学四年级学生，学习认真，对周围的世界总是充满好奇。艺璇的爸爸曹老师是中学物理老师，喜欢给孩子做一些有趣的小实验，这吸引了梦琪。在节假日，梦琪主动要求到艺璇家来做作业和学习。

    就这样，周末和节假日，小姐妹俩都会向曹老师问一些科学问题。曹老师针对她们的问题，设计了好多有趣好玩的小实验，引导她们观察和思考，使她们在动手实践中收获了很多物理知识。她们逐渐认识到，生活中司空见惯的很多现象都包含着物理知识，物理知识与生活联系非常紧密，物理有趣又有用。一段时间后，她们的观察能力、思考能力和动手操作能力都得到了很大的提高。

    小朋友们，快来看一看小姐妹都在哪些领域做了小实验，都有什么收获吧。

目录

第一章
光现象——光的直线传播

 **实验一** **神奇的小孔成像**

（ **趣味指数** ★★★★★ **安全指数** ★★★ ）

提出问题

晚上，艺璇正拿着一张纸在玩，忽然发现纸下的桌面上有一个亮斑，艺璇仔细观察亮斑的形状，发现跟屋顶吊灯的形状一模一样。原来纸上有一个小孔透过了光线。这是怎么回事呢？桌面上的亮斑是吊灯成的像吗？

猜想与假设

这个像可能是由吊灯的光线形成的，与光线的传播规律有关。

设计并进行实验

实验材料

纸杯、铁钉、塑料膜（或者半透明的纸）、橡皮筋、蜡烛、打火机（或者火柴）。

实验步骤

STEP01 将塑料膜置于杯口，用橡皮筋箍住，把超出杯口的塑料膜裁去。注意，因为塑料膜要做承接像的光屏，所以要平整，不要有褶皱。

STEP 02 在杯子底部的中间位置，用铁钉开一个小圆孔。注意圆孔不要太大。

STEP 03 在暗室中点燃蜡烛，用小圆孔对着烛焰。这时，杯口的塑料膜上出现了蜡烛火焰倒立的像，调整装置离火焰的距离，观察像的大小发生了怎样的变化。

STEP 04 如果把小孔的形状做成三角形或者方形，重新做实验，看一看像的形状有什么变化。

实验原理分析与论证

这种现象叫作小孔成像，是光沿着直线传播形成的。可以用右图来解释。物体上 A 点的光线通过小孔，直线传播到下边 A_1 点，物体上 B 点的光线通过小孔，直线传播到 B_1 点。物体 AB 上有无数个点，通过小孔对应着无数个像点，于是整个 AB 物体倒立的像就形成了。

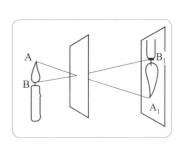

艺璇发现的现象是小孔成像，纸面上看到的是吊灯的像，不过是倒立的。小孔成像可以成倒立的可大、可小、可等的实像，像的大小取决于屏与孔的距离等诸多因素。

点评

本实验用到了光学中的光沿直线传播的原理，实验贴近生活，符合孩子的认知特点，能激发学习兴趣。

注意事项：

1. 本实验要在家长监护下完成，因为用到了火，要注意安全。
2. 本实验在暗室里做效果更好。

知识拓展

1. 小孔成像实验中，小孔的形状无论是圆形的、方形的，还是三角形的，都不影响所成像的形状。

2. 夏日人们在树荫下，会发现很多亮的圆斑，那是树叶间的小孔所形成的太阳的像。

天空中出现了日食现象。小姐妹戴着防护镜，拿着自己制作的"小孔成像仪"对着太阳观看，她们看到了光屏上缺了一半的光斑后非常兴奋。

光斑左边残缺了。

曹老师问："太阳哪一边残缺了？"

艺璇："左边。"

梦琪："不对，是右边，因为小孔成像是倒立的，位置应该是相反的。"

曹老师在一旁满意地笑了。

实验二 光路可逆

（**趣味指数** ★ ★ ★   **安全指数** ★ ★ ★ ★ ★）

？ 提出问题

爱美的梦琪掏出小镜子正在自我欣赏，忽然，她在小镜子里看到了艺璇的眼睛，于是回头说："你干什么，怎么偷看我？"艺璇："我看到你的眼睛了，是你在偷看我！"

于是两人拿着小镜子观察，发现了一个现象：她们总是能同时看到对方的眼睛。这是为什么呢？

猜想与假设

这个现象是不是也跟光线的传播规律有关系呢？

设计并进行实验

实验材料

小镜子、小玩具（或其他小物体）、铅笔。

实验步骤

STEP 01 在桌面垂直固定一面小镜子，在镜子偏左侧一定距离放一个小玩具，用铅笔在桌面记下小玩具所处的位置 A。

STEP 02 在桌子右侧找到能从镜中看到小玩具的位置 B，记下来。

STEP 03 将小玩具放到 B 处，从 A 处向镜中观察，一定能看到小玩具。

实验原理分析与论证

在光学现象中，光从 A 处传播到 B 处，从 A 到 B 这一条光的传播路径简称"光路"。如果光从 A 处传到 B 处，那么，也一定能从 B 处沿着刚才路径的反方向传向 A 处，这叫作光路可逆。

梦琪眼睛处所反射的光线，通过镜子能传播到艺璇的眼睛，艺璇看到了梦琪的眼睛；同时，艺璇眼睛处的光线沿着这条路径，可以经过镜子的反射传播到梦琪的眼睛，梦琪也能看到艺璇的眼睛。

点评

本实验用了光学中的"反射现象中光路可逆"的知识点,引入生活实例,能让孩子带着疑问、充满好奇地进行科学探究活动。

注意事项:

这个小实验在光线充足的地方操作,效果较好。

趣味物理小问答

问:月亮是光源吗?

答:月亮不是光源。自身能发光的物体叫作光源,如太阳、点燃的蜡烛等都是光源;由于月亮自身不会发光,它反射的是太阳的光,因此月亮不是光源。

实验三 无影灯原理

（趣味指数★★★★　安全指数★★★）

 **提出问题**

梦琪："用光照射物体，就一定会产生影子。"

艺璇："我听说有无影灯，就不会产生影子。"

> **猜想与假设**
>
> 医院手术室里的灯就是无影灯，利用的是什么原理呢？

设计并进行实验

实验材料

一个玩具、八支新蜡烛、火柴（或者打火机）。

实验步骤

STEP 01 准备一张空桌子，晚上，把窗帘拉好，将玩具立在桌子正中央，会发现灯光下玩具有影子。

STEP 02 以玩具为中心，分别在它的前后左右以及其他四个角，距离玩具相同的地方立上一支蜡烛，并固定好。

STEP 03 用火柴点燃其中一支蜡烛，把室内灯关掉，会观察到玩具后面有长长的影子。

STEP 04 再点燃相邻的一支蜡烛，你会发现，此时出现了玩具的两个影子，但在两个影子重叠的部分颜色很深（这是本影），影子另外的部分被另一支蜡烛的光照亮了，但依然能看得出来。

STEP 05 再继续点燃蜡烛，你会发现，玩具的影子越来越浅。八支蜡烛全部点燃后，玩具的四周已经看不出有影子了。

实验原理分析与论证

　　无影灯是一种发光面积很大的灯。由于光是沿着直线传播的，医生在做手术时，身体会挡住一部分光，形成影子，但是这些影子又被没挡住的灯光照亮而消除掉。这就是无影灯的原理。

点评

　　本实验涉及的知识点：光是沿着直线传播的，影子形成的原因是光沿直线传播。

注意事项：

　　实验中用到火，请注意安全，实验要在家长陪同下进行。

知识拓展

　　本影和半影：

　　光源发出光线照在某个不透光的物体上时，由于光是沿着直线传播的，会在物体后面形成影子。

　　如果发光体面积较大，或者有几个发光体同时发光，在物体背后没有任何光进入的区域是最暗的，称为"本影"；还有一些区域暗淡一些，这部分区域的影子被称为"半影"。

第二章
光学——反射现象

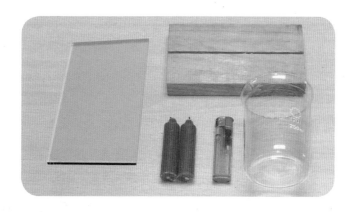

实验四 纸和镜子谁更亮

（趣味指数 ★★★★　安全指数 ★★★★★）

提出问题

艺璇："物体发出的光进入人的眼睛，人才能看到物体。"

梦琪："不对，有很多物体不发光，仍然能被看到。"

曹老师："不发光的物体是因为反射了光，反射的光线进入人眼，所以能被人看到。反射有两种情况，分别叫什么名称，各自有什么特点，你们知道吗？"

> **猜想与假设**
>
> 物体的反射情况不同，是不是因为物体的反射面有的光滑有的粗糙呢？

设计并进行实验

实验材料

白纸、小镜子、手电筒。

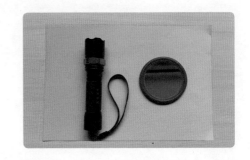

实验步骤

STEP 01 夜晚，把白纸铺在桌面上，中间放一面小镜子。

STEP 02 把室内灯熄灭，打开手电筒，在小镜子的正上方向下垂直照射；从侧面观察，发现镜子很暗，而周围的白纸很亮。

STEP 03 从侧面慢慢向手电筒靠近，很快你会从镜子中看到刺眼的光，而周围的白纸变暗了。

实验原理分析与论证

镜面反射：反射面十分平整光滑，平行光照射上去，反射光也是平行光，所以光线强而且具有很强的方向性。

漫反射：反射面凹凸不平，平行光照射上去，反射光线会向四面八方传播。我们能从各个方向看到一个不发光的物体，就是因为物体表面发生了漫反射的缘故。

实验中，人在镜面上方，眼睛能看到镜面反射的光，很刺眼，而纸面发生的漫反射，光线相对较弱，所以人会感到镜子亮而白纸暗；人从侧面看，镜子镜面反射的光没有进入人眼，而白纸漫反射的光能进入人眼，所以人会感觉镜面是暗的，而白纸很亮。

点评

本实验用了光的反射有镜面反射和漫反射的知识点。通过实验拉近了物理学与生活的距离，可深切地感受到科学的真实性。

注意事项：

实验最好由两人合作完成，一人拿手电筒垂直照射镜子和白纸，另一人在周围观察。

知识拓展

黑板反光：坐在教室侧面的同学，经常会因为黑板反光而看不清老师写的字，原因也是室外的光线在该处发生了镜面反射，比较刺眼，把粉笔字漫反射的光给掩盖了。

这时让老师把对侧的门帘或窗帘拉好就可以避免了。

实验五 ▶ 水浇不灭的烛火

（趣味指数 ★★★★★ 安全指数 ★★★★）

提出问题

姐妹俩去看了一场魔术表演，她们觉得魔术非常神奇。曹老师说："这些魔术都是障眼法，里面包含着许多科学知识，眼见不一定为实。"

梦琪："您能给我们表演一个魔术吗？"

艺璇："一定要神奇的，然后讲一讲用了什么科学道理。"

曹老师："好，你们觉得蜡烛能在水中燃烧吗？不信？你们等着看吧！"

> **猜想与假设**
>
> 用什么做障眼法呢？是不是常见的镜子？

设计并进行实验

实验材料

烧杯、玻璃板、带凹槽的木板（可以插入玻璃板，使玻璃板竖直）、两支一样的蜡烛、打火机、水、不透光的硬纸板。

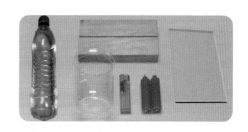

实验步骤

STEP 01 把烧杯放在桌面上，在杯子中心固定一支蜡烛。

STEP 02 把玻璃板插入木板凹槽，使玻璃板垂直于桌面，放在烧杯前。

STEP 03 在玻璃板前，点燃并固定另一支蜡烛。移动烧杯，在玻璃板前观察，直到烧杯中的蜡烛与燃烧蜡烛成的像重合。

STEP 04 用硬纸板把燃烧的蜡烛挡住，使观众只能透过玻璃板看到燃烧蜡烛的像仿佛在烧杯中燃烧。

STEP 05 向烧杯里倒水，透过玻璃板看到水没过火焰的像，给观众的感觉就是蜡烛在水中燃烧。

 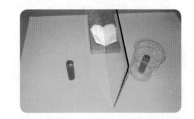

实验原理分析与论证

　　这个实验是利用平面镜成正立、等大虚像的原理完成的。虚像与实物重合，让人难辨虚实真假，火焰燃烧的像是虚像，当然不会被水熄灭。

点评

本实验用到了平面镜能成正立、等大虚像的知识点。实验趣味性强，对孩子学习兴趣以及科学态度、探究精神的培养很有帮助。

注意事项：

1. 实验中用到火，一定要在家长的陪同下完成，确保安全。
2. 最好在暗室进行。

知识拓展

日食和月食是怎样形成的？太阳、地球、月球三个星球运行，按太阳、地球、月球的顺序在同一条直线上时，由于光沿着直线传播，地球后面拖着影子，月亮进入这个影子，不再能反射太阳的光，于是处在黑夜里的这些人就会看到月食。当三个星球按照太阳、月球、地球的顺序在同一条直线上，由于光的直线传播，月球后面也拖着影子，当这个影子落到地球上，这一区域生活的人们，在白天就会看不到太阳，或者只能看到太阳的一部分，这样就看到了日食现象。

实验六 探究平面镜成像特点

（趣味指数★★★　安全指数★★★★★）

？提出问题

　　姐妹俩对平面镜产生了兴趣，平面镜成像有什么特点呢？站在穿衣镜（平面镜）前，离得越远，感觉镜子里面的像越小，情况果真如此吗？

猜想与假设

　　平面镜成像的大小可能与物体到平面镜的距离有关。

设计并进行实验

实验材料

　　玻璃板、支架、三对跳棋、白纸、铅笔、塑料尺。

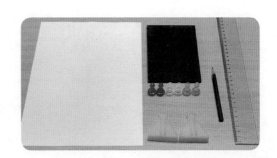

实验步骤

STEP01 用塑料尺和铅笔在白纸正中间垂直画一条线，把纸平铺在桌面上。

STEP02 将玻璃板沿着所画的直线用支架固定好，使玻璃板与纸面垂直。

STEP 03 在玻璃板一侧摆放一个跳棋，由该侧向玻璃板观察，会发现在玻璃板的另一侧有跳棋的像。拿一个完全相同的跳棋，使该跳棋与像完全重合（此时在玻璃板前观察），就找到了第一个跳棋的像的位置。

STEP 04 把跳棋的位置记为 A，像的位置记为 A_1。

STEP 05 将玻璃板一侧的跳棋换一个位置 B，以同样的方法，找到像点 B_1；再换位置 C，找到像点 C_1。

STEP 06 拿走玻璃板和支架，研究纸面上跳棋的位置。链接 AA_1，BB_1，CC_1。用直尺测量物点到像点的距离，寻找规律。

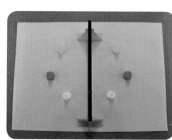

实验原理分析与论证

跳棋与像能重合，说明像与物是等大的。所以物体离玻璃板越远像越小是错误的。看起来玻璃板中的像变小，是因为人在观察物体时总是会产生近大远小的感觉。

点评

　　通过实验，探究平面镜成像特点，像与物的关系，了解平面镜成像的特点及应用。

注意事项：

　　1. 玻璃板必须是能透光的，越薄越好。

　　2. 玻璃板必须要和桌上的纸面垂直，如果不垂直，无法使物和像完全重合。

知识拓展

　　平面镜成像的特点：像与物体等大，像到镜面的距离与物到镜面的距离相等；物和像的连线被镜面垂直平分；所成的像是虚像。

　　虚像并不是由实际光线会聚而成的，而是由光线的反向延长线会聚而成。下面作图说明。

　　从火焰上 S 点向平面镜画两条入射光线，利用光的反射定律，画出两条反射光线，反向延长交于镜后的 S' 点，同理，烛焰上其他的点，相应都有像点，构成火焰的虚像，人眼逆着反射光线看去，就看到了火焰的虚像。

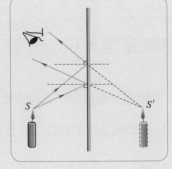

　　虚像是由光的反向延长线会聚而成，该处并没有实际光线，因此不能用光屏承接这种像，所以这种像叫作虚像。

实验七 左右不再相反的偶镜

（趣味指数 ★★★★　安全指数 ★★★★）

？提出问题

这天，艺璇正在做作业，抬头发现镜子中的她正在用左边的手写字，可自己明明是用右手写字，这是怎么回事？怎样才能看到和自己左右一致的像呢？

猜想与假设

平面镜中的像与物是对称的，会左右相反。要想看到和真人左右一致的像，就需要两面镜子组成偶镜。偶镜又是什么呢？

设计并进行实验

实验材料

两面长方形的镜子、剪刀、胶带。

实验步骤

STEP 01 把两面镜子面对面紧贴起来，用胶带沿长边一侧粘起来，使镜子垂直立在桌面，并将其固定。

STEP 02 一边调整两面镜子张开的角度，一边观察夹角处形成的自己的像，使夹角处的像看起来不变形。

STEP 03 举左手观察一下，会发现夹角处你的像也是举起左手，不再左右相反。

实验原理分析与论证

　　这种装置叫作偶镜。从偶镜中看到的像是经过两面镜子先后反射所形成的。每面镜子把像左右相反一次，进行两次反射，像就变得和原来一样了。

点评

引导孩子乐于探究日常用品中的物理学原理。

注意事项:

1. 拿镜面时要小心边缘处, 不要划破手。
2. 要耐心调整镜面的角度, 直到观察到夹角处的人像不变形。

知识拓展

所有的反射都遵守光的反射定律。反射定律的内容有三条:

1. 反射光线与入射光线和法线在同一个平面内(法线是过入射点所作的垂直于反射面的直线, 是一条辅助线)。

2. 反射光线与入射光线分居法线两侧。

3. 反射角等于入射角。

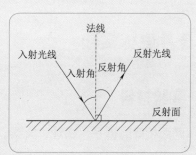

实验八 重重无尽的烛火

（趣味指数 ★★★★★　安全指数 ★★★）

❓ 提出问题

梦琪和艺璇觉得平面镜真奇妙，她们不断探索，又发现了奇妙的现象：两块平面镜成像再成像，能成很多个像。这是怎么做到的？怎样才能观察到这样奇妙的现象？

猜想与假设

物体在平面镜中成的像，又可以作为物，在另一块平面镜中成像。

设计并进行实验

实验材料

两面相同的镜子、蜡烛、火柴。

实验步骤

STEP 01 将一面镜子垂直立于桌面。在镜子前一定距离立一支蜡烛（为了便于后面的距离调整，可以把蜡烛放在一个小盘里）。

STEP 02 面对镜子再立一面镜子，调整镜子的位置和角度，直到可以看到镜子中出现一排蜡烛，并向远处延伸。

STEP 03 点燃蜡烛，可以观察到很多烛火在燃烧，排成一列向远处延伸，非常好看。

实验原理分析与论证

蜡烛分别在两个平面镜中成像，所成的像又在对面平面镜中成像……

点评

实验用到的知识点是平面镜成像，实验趣味性强，能很好地激发孩子的学习兴趣。

注意事项：

实验中用到火，请注意安全，在家长的陪同下进行实验。

知识拓展

开普勒（1571年12月27日—1630年11月15日），德国天文学家、物理学家和数学家。主要贡献：在天文学上提出了开普勒三大定律，这使他赢得"天空立法者"称号，他还是近代光学的奠基人。

 **教你制作潜望镜**

（趣味指数 ★★★★★　安全指数 ★★★）

? 提出问题

潜望镜是什么原理呢？能不能用日常物品制作一个简易的潜望镜呢？跟着曹老师一起动手吧！

设计并进行实验

实验材料

两个牙膏纸盒、两面比牙膏盒横截面积略小的平面镜（请家长用玻璃刀裁好）、胶带、双面胶、剪刀、小刀。

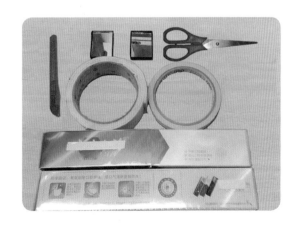

实验步骤

STEP 01 将一个牙膏盒从中间截开，在截开的两截牙膏盒顶端从较窄侧面割开。

STEP 02 将平面镜小心地送入割开的牙膏盒顶端，斜放，与纸盒面成 45°角，并用双面胶固定。同样，将另一面小平面镜放入另一截牙膏盒并固定。

STEP 03 将另一个牙膏盒的两端开口，分别与两截牙膏盒割开的开口处相对，用胶带固定好。这样一个简单的潜望镜就做好了。

STEP 04 将潜望镜的上端镜筒露出窗口，俯身从下面的镜筒观察，可以从两面平面镜中看到外面的情况。

实验原理分析与论证

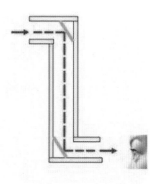

潜望镜是利用了平面镜能改变光的传播方向，同时也能成正立的虚像的原理制造的。

点评

制作潜望镜的实验，是对平面镜原理的应用；实验体现了书本知识与生产、生活中实践间的联系，体现了物理知识的实用性。

注意事项：

在粘镜面时要注意玻璃边沿，以防被划伤。

知识拓展

物体在水中的倒影会比实际看到的景象要暗一些。这是因为水中的倒影实际是水面反射形成的虚像，相当于平面镜成像。水面上物体所反射的光传播到水面时，除了一部分反射形成虚像外，还有一部分折射进入水中，因此反射光会变弱一些，所形成的像自然要暗一些了。

 **教你制作万花筒**

（趣味指数 ★ ★ ★ ★ ★　安全指数 ★ ★ ★）

提出问题

小朋友们都特别喜欢万花筒，转动圆筒，能看到里面五彩缤纷、变化莫测的图案，那它的制作原理是什么呢？快来和梦琪、艺璇一起动手制作吧！

设计并进行实验

实验材料

镜子（普通玻璃也可以）、玻璃刀、塑料尺、双面胶、透明胶带、剪刀、硬纸片、塑料袋、彩纸、废报纸、铅笔。

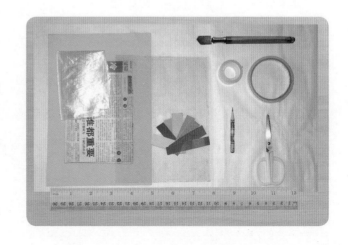

实验步骤

STEP 01 用玻璃刀、塑料尺、铅笔裁割出三块相同的长方形镜片（玻璃片）。

STEP 02 把三块镜片并排放在硬纸片上，中间留有一定缝隙，用硬纸片将三块镜拼成三棱柱并包起。

STEP 03 用透明胶带粘好硬纸片，使其成为一个圆筒，将两端多余的纸剪去，把其中一端用塑料袋封起来，周围用透明胶带粘好。

STEP 04 将废报纸做成纸团塞进三棱柱与圆筒硬纸片中间，使圆筒撑起并把三棱镜筒固定好。

STEP 05 剪几片彩纸屑，放入三棱镜筒，上部用中间有孔的硬纸片封起来。

STEP 06 透过镜筒上部的孔洞，可以看到彩色花，转动镜筒，花瓣不断变化，万花筒做好了。

实验原理分析与论证

　　三块平面镜将彩色纸屑反复反射成像，于是形成了很多对称的花样图案。转动后，图案造型改变，但仍然是对称的图案，图案变化无穷，这就是万花筒的成像原理。

点评

　　实验应用了光的反射、平面镜成像等知识点，引导孩子乐于探究日常用品或玩具中的物理学原理。

注意事项：

　　在粘镜片时要小心，防止割伤。

知识拓展

　　一般来说，夜间开车时，车内灯最好不要打开。因为如果开灯，车内的景物会在汽车的前挡风玻璃上形成虚像，影响司机的判断，容易发生危险。

第三章
光现象——光的折射

实验十一 弯曲的光线

（趣味指数★★★★★ 安全指数★★★★★）

? 提出问题

曹老师说："我们看到的太阳和月亮，并不是实际的太阳和月亮，而是它们的虚像。"这太匪夷所思了！到底是什么原因呢？

猜想与假设

光沿直线传播是有前提条件的，很可能与传播介质的密度是否均匀有关。

设计并进行实验

实验材料

玻璃鱼缸、水、牛奶、白糖（400 g）、激光笔。

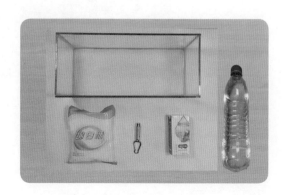

实验步骤

STEP01 将鱼缸放在桌面上，加入大半缸清水。滴入几滴牛奶，静待牛奶扩散均匀。

STEP02 在鱼缸的侧面用激光笔紧贴玻璃照射，无论平射、向上或向下，可以观察到笔直的光路。可以看出，在均匀的传播介质中，光是沿直线传播的。

STEP03 将一袋白糖从水面均匀撒到水中，使其沉入水底，注意不要搅拌，静置 24 小时以上。之后用激光笔贴近底部向前照射，可以看到激光束的光路发生明显弯曲。

实验原理分析与论证

光在真空和均匀介质中沿直线传播，在不均匀的介质中发生弯曲。实验中，越靠近缸底，糖分越多，越靠近水面糖分越少，缸中液体成为不均匀介质，因此，可以观察到光路的弯曲。

太阳光在通过地球的大气层时，由于大气层不均匀，越靠近地面大气层越厚，所以阳光在大气层发生弯曲。人总是习惯性地认为光线是沿直线传播的。我们看到的太阳不是真正的太阳，而是太阳的虚像。

点评

引导孩子利用课余时间对课题进行探究，使探究环境更加开放，为培养孩子科学探究能力提供有利条件。

注意事项：

1. 不要搅拌水，牛奶和糖要静置，耐心等待。
2. 在光线比较暗的环境里实验效果较好。

知识拓展

光的折射：光从一种介质斜射到另一种介质中时，方向会发生偏折；当光在不均匀的介质中传播时，光路会弯曲，这些都属于光的折射现象。

 看见了光的折射

（趣味指数 ★★★★　安全指数 ★★★★★）

提出问题

光进入大气层会发生弯曲，那光从空气进入水中会如何呢？在曹老师的帮助下，姐妹俩设计了一个实验，她们看到光的折射现象。

猜想与假设

光线斜射到两种介质的分界面上时，传播路径应该不再是直线，会发生偏折或弯曲。

设计并进行实验

实验材料

烧杯（或者玻璃鱼缸）、牛奶、小喷壶、激光笔、水。

实验步骤

STEP 01 烧杯中装入清水，滴入几滴牛奶，搅拌后静置。

STEP 02 调整喷壶的喷嘴，使之能喷出水雾。

STEP03 用激光笔向水面射出一束光线，可以清晰地看到水中光线的路径，但是看不到空气中激光的路径。

STEP04 向水面上方喷出水雾。借助水雾的帮助，光在水面上空气中的路径可以清晰地显露出来。仔细观察水面光线入水处，可以发现，光线从空气进入水中不再沿着直线传播，而是向下偏折。

STEP05 将激光笔射出的激光束垂直于水面射入，重复步骤4，观察光的传播路径。

实验原理分析与论证

　　这是典型的光的折射现象。当光从一种介质斜射入另一种介质时，传播的路径就会发生偏折，这就是光的折射。加入牛奶、喷出水雾，都是为了让光路能通过微粒的散射显示出来。

点评

通过光束从空气射入水中的实验，让孩子认识光的折射现象及特点。

知识拓展

折射规律：过入射点作一条垂直于分界面的直线当辅助线，称为法线。借助法线，光的折射规律可以表述为：当光从空气斜射入密度比空气大的介质时，折射光线向靠近法线的方向偏折（折射角小于入射角）；当光从密度比空气大的介质斜射入空气时，折射光线向远离法线的方向偏折（折射角大于入射角）。当光垂直于界面入射时，传播方向不变。

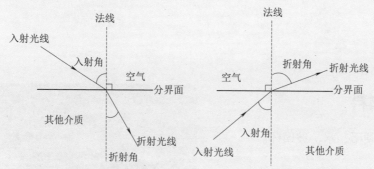

光从空气斜射入密度比空气大的介质　　光从密度比空气大的介质斜射入空气

实验十三 ▶ 硬币在水中上升

（趣味指数 ★★★★　安全指数 ★★★★★）

提出问题

暑假到了，曹老师严肃地告诉两个孩子："在水边玩时一定要注意安全。我们眼睛会受骗，看上去较浅的水，实际可能很深，有很大的危险性。"这是为什么呢？水是如何欺骗人的眼睛的呢？

猜想与假设

光线由空气斜射入另一种介质，会发生折射现象，眼睛受骗可能与折射规律有关。

设计并进行实验

实验材料

茶杯、硬币、水、玻璃杯。

实验步骤

STEP 01 把一枚硬币放进茶杯，并从侧面观察，不断移动杯子，直到刚刚看不到硬币。

STEP 02 让伙伴用玻璃杯向茶杯里倒水，很快硬币"上升"了，你又可以看到它了。

实验原理分析与论证

实验现象是光发生折射产生的。从硬币上反射出的光线，由水面进到空气中时，向远离法线的方向偏折，观察者迎着偏折后的光看回去，看到了硬币向上"升起"的虚像。水底的像也会向上"升起"，因此会给人水变浅的错觉。

点评

实验应用了光的折射规律，展示了物理知识与生活的紧密联系，实验有利于激发孩子学习物理的兴趣。

　　人们从水面看水中的鱼，会认为鱼在水中的位置较浅。以水中小鱼头部 S 点反射的两条光线为例说明，当这两条光线到达水面，在两个入射点分别垂直于水面作法线，并作出它们折射后的大致位置 L_1 和 L_2，根据光的折射规律，它们都是远离法线的。把折射光线反向延长，交于 S 点上面的一个点，记为 S'。当观察者的眼睛迎着 L_1、L_2 光线反向看回去，就感觉光线是从 S' 点发出的，同样鱼身上其他点反射的光线也是如此，于是观察者看到鱼像的位置向上了。

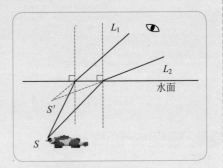

实验十四 水中"折断"的筷子

（趣味指数 ★★★★　安全指数 ★★★★★）

❓ 提出问题

这天，艺璇正在用玻璃杯喝水，为了让水快些凉下来，她拿起筷子放进水里不停地搅动，可她突然发现，放进水里的筷子变弯了。这是怎么回事？爸爸告诉她，不但能看到筷子变弯，还能看到筷子"折断"。这又是什么原理？

猜想与假设

这一现象可能与光的折射有关。

设计并进行实验

实验材料

玻璃杯、水、一根筷子。

实验步骤

STEP 01 在玻璃杯子里装上大半杯水。

STEP 02 把一根筷子斜放进去，从侧面观察，发现筷子在水面处"折断"了，从上面俯视，发现筷子向上偏折了。

STEP 03 把筷子竖直插在水中，从侧面观察，水中部分的筷子是向杯子中心偏移，还是向杯壁方向偏移？

实验原理分析与论证

　　这是由于光的折射形成的，原理同"硬币水中上升"。在步骤3中，水中筷子形成的虚像总是向杯壁方向偏折。原理如右图所示。

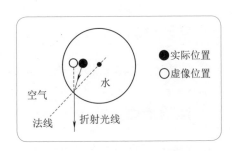

点评

实验用到了光的折射的相关知识点，通过实验丰富了课程资源，拉近了物理学与生活的距离。

知识拓展

光线，虽然生活中也常说，但在物理学中，光线是为了说明问题而建立的物理模型，用带箭头的直线表示光的传播径迹和方向，光线实际并不存在。

实验十五 为什么总是瞄不准

（趣味指数 ★★★★　安全指数 ★★★★★）

提出问题

电视正在播放警察抓坏人的场景：坏人跳入水中，赶到岸边的警察向着水中开枪。曹老师说："向水面开枪瞄得越准，越打不着。"这引起姐妹俩的兴趣。为什么瞄准了水中的物体反而打不着呢？

猜想与假设

看到的物体，一定不是实际的物体，才会出现这种状况，这大概与光的折射有关。

设计并进行实验

实验材料

方形鱼缸、钢球（或颜色鲜亮的小物体，要能在水中下沉的）、一小段塑料管、一根长直金属杆、可以固定塑料管的支架、水。

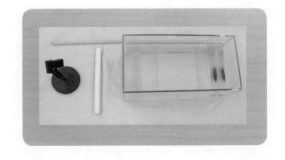

实验步骤

STEP 01 在鱼缸里加半缸清水,在一端放入小物体。

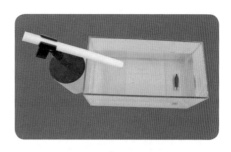

STEP 02 在鱼缸的另一端用支架夹住塑料管,眼睛看着管内,调整角度,使眼睛能从管中看到小物体,将塑料管在此处固定好。

STEP 03 把长直金属杆从管中插入,并用此金属杆去触碰小物体。注意要小心一些,不要改变塑料管的角度和位置。你会发现,金属杆并没有触碰到小物体,而是插到了小物体的上面。

STEP 04 抽出金属杆,将小物体改变位置,重新调整塑料管进行瞄准,重复步骤。你会发现,无论重复多少次,金属杆总是插到小物体的上面。

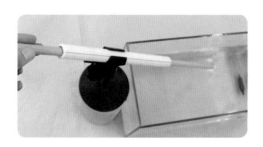

实验原理分析与论证

这是由于光的折射造成的。从塑料管中看到的小物体，是小物体偏上的虚像，小物体的实际位置在虚像下面。原理同"硬币水中上升"。

点评

实验应用到光的折射规律，实验现象能很好地激发孩子的探究兴趣，提升他们的认知。

注意事项：

从塑料管中看到物体后，一定要将塑料管固定好，不能活动。金属杆插进去的过程中，塑料管的方向和位置不能改变，这样才会出现实验效果。

知识拓展

神秘的海市蜃楼：在沙漠和沿海地区，有时会出现神秘的海市蜃楼现象，即人们在半空中会看到亭台楼阁、山脉、绿洲等景象，过一段时间，景象又会消失得无影无踪。这实际上也是由于空气密度的不均匀，光线发生折射（弯曲）形成的虚像。

 **透明的清水也能隐藏物体**

（趣味指数 ★★★★　安全指数 ★★★★★）

提出问题

　　这天，梦琪和艺璇在鱼缸旁观察小鱼在水里游来游去。曹老师说："我可以利用清水把物体隐藏起来。"梦琪和艺璇都感到不可思议，水不是透明的吗？怎么还能隐藏东西呢？你也快来一起看看是怎么回事吧！

猜想与假设

　　这种现象可能与光在不同介质中的传播规律有关。

设计并进行实验

实验材料

　　烧杯（或鱼缸）、一枚硬币、激光笔、牛奶、水、一张白纸。

实验步骤

STEP 01 在烧杯中盛上大半杯清水。把硬币放在桌面上，将杯子放在硬币上。

STEP 02 从上面观察，可以看到硬币在杯底。可是从杯子的侧面观察，却发现硬币不见了。

STEP 03 将杯子放到硬币旁边，从对侧透过杯中水观察，在一定角度看不到硬币。

STEP 04 在水中滴入几滴牛奶，搅拌并静置。

STEP 05 打开激光笔，使光束在一定角度从杯子的一侧透过水射向硬币，观察发现，光束在杯壁处反射回杯底，没有光线到达硬币。

STEP 06 用激光笔在一定角度从杯底一侧斜向上照射水面，并拿一张纸放在杯口上面，纸上没有光点，这说明没有光线折射入空气，而是反射进水里。

实验原理分析与论证

水虽然是透明的，但并不代表光线可以任意通过，光线必须要遵循光的折射、反射规律。光从水中斜射向空气中时，折射角（在空气中）总是大于入射角（在水中），折射角随入射角的增大而增大，当入射角大到一定角度（临界角），折射光线会消失，光线会全部反射回水中，也就是说，水中的光线不能进入空气了。在这个方向上没有光进入眼睛，人就不能看到这个物体了，这种光学现象叫作全反射现象。

点评

实验用到了光学中全反射的知识点，引导孩子观察实验现象，启发孩子进行积极思考、深入探究。

知识拓展

光缆是什么？光缆里包裹的是光导纤维，用来传输信号。如今，利用光导纤维来通信已经很普遍了，它的特点是：传输速度快、能耗少、材料低廉和效率高。它就是利用光在光导纤维中发生全反射，一直顺着光导纤维高速传播来传播信息的。

第四章
光学——透镜

实验十七 用放大镜点燃火柴

（趣味指数 ★★★★ 安全指数 ★★★）

提出问题

梦琪到附近的森林景区游玩，在景区里看到一个警示牌：为了消防安全，请不要乱扔矿泉水瓶。她感到困惑，难道矿泉水瓶也能引起火灾吗？

猜想与假设

矿泉水瓶能会聚太阳光，使局部产生高温，可能会引起火灾。

设计并进行实验

实验材料

盛有半瓶水的矿泉水瓶（瓶子最好为无色塑料瓶）、放大镜或老花镜（度数要高，镜面积要大）、火柴、深色干毛巾、纸。

实验步骤

STEP01 在夏天正午阳光好的时候，将深色毛巾铺在阳光下空旷的地面上，将一根火柴放在毛巾上。

STEP02 手拿放大镜正对太阳光，调整镜面到火柴头的距离，直到出现一个最亮的点，这个点就是这个凸透镜（老花镜也是一个凸透镜）的焦点。

STEP03 保持一段时间直到火柴头被点燃。

STEP04 将盛有半瓶水的矿泉水瓶平放，使其距离纸一定距离，仔细观察，纸上会出现很亮的一道光斑，这道光斑和凸透镜成的光斑一样是对太阳光的会聚，一段时间后，放上火柴，同样能使火柴头燃烧。

实验原理分析与论证

凸透镜对光线有会聚作用，将照在镜面上的阳光会聚在火柴头上产生高温，从而点燃火柴。瓶中有水，形成了类似凸透镜的效果，对照在瓶体上的阳光产生会聚作用，如果距离合适，恰巧瓶体下面阳光会聚的位置有枯草或者碎纸等易燃物，会使它们产生高温燃烧起来。

点评

实验用到了凸透镜对光线有会聚作用、凸透镜焦点等知识，体现出物理知识与生活息息相关。同时，实验也能对孩子进行自然环境保护教育和安全教育。

注意事项：

实验中有火产生，一定在家长陪同下进行，并要注意安全。做完实验及时灭火。

知识拓展

在寒冷的地区，人们可以用冰做成凸透镜，用来聚集太阳光取火，科学是不是很神奇呢！

可以用本实验的原理来测量一个凸透镜的焦距。所谓凸透镜的焦距就是指焦点到透镜的距离。我们可以让镜面正对着太阳，在透镜后面的地面上找到焦点（最亮的点），测量焦点到透镜的距离，这个距离就是凸透镜的焦距。

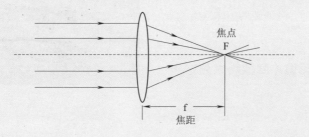

实验十八 近视镜和老花镜

（趣味指数★★★　安全指数★★★★★）

？ 提出问题

这天，艺璇拿着曹老师的近视镜在阳光下玩，她想找到阳光透过镜片会聚成的焦点，可怎么也找不到。曹老师："近视镜不是凸透镜而是凹透镜，凹透镜在阳光下是找不到焦点的。"那么凸透镜和凹透镜有什么不同呢？快来通过实验看看这两种透镜的特点吧！

猜想与假设

两种透镜的结构不同，这会导致光线透过透镜产生不同的效果。

设计并进行实验

实验材料

近视眼镜和老花镜（度数越大越好）、绿色纸。

实验步骤

STEP 01 拿两种眼镜仔细观察它们的构造有什么不同，可以用手摸一摸。

STEP 02 在阳光下的地面上铺一张绿色纸。

STEP 03 拿一副老花镜，使阳光垂直射向镜片，在绿色纸上移动它，你会发现，纸上出现一个光点特别亮，观察这个光点的周围，要比正常阳光照射在纸上的地方暗。

STEP 04 换用近视镜重复前面步骤，在纸上找不到亮的光点，镜片在地上留下了暗影。仔细观察，在暗影的四周有一圈比正常阳光要亮的光环。

分析与论证

老花镜是凸透镜，凸透镜把透过镜面的阳光向焦点会聚，会出现亮点，亮点周围是暗的，因为光线发生偏折被集中到亮点处。

近视镜是凹透镜，对光线有发散作用，镜片所承接的阳光向四周发散，因此没有亮点，所以镜片形成的暗影外边缘，比正常阳光照射要亮一些，形成一圈亮环。

点评

　　引导孩子乐于探究日常用品的物理学原理，体现了物理学在生活中的应用。

注意事项：

1. 观察要仔细，区分两种眼镜的不同之处。
2. 实验时不要让老花镜的光点长时间照射纸，有可能会点燃纸。

知识拓展

　　凸透镜是中间厚边缘薄的透镜，对光线有会聚作用；凹透镜是中间薄边缘厚的透镜，对光线有发散作用。

实验十九 ▶ 三种水做成的放大镜

（趣味指数★★★★ 安全指数★★★★★）

提出问题

梦琪："我在一本书上看到，在非常寒冷的地方，人们可以用冰制成放大镜来收集阳光，从而取火，这能行吗？"

曹老师："可以的，只要把握住原理，可以利用身边的物品做各种各样的放大镜。"

设计并进行实验

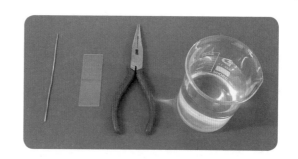

实验材料

玻璃片、水、烧杯、铁丝、钳子。

实验步骤

STEP 01 在一块玻璃片上滴一滴水，这就做成了一个简单的放大镜，把带水的玻璃片移到书页上方，靠近字迹，就可以看到字被放大了。

STEP 02 在烧杯里倒入水，把书放在杯子后面，可以看到书上的字也被放大了。

STEP 03 把铁丝拧成一个小圆圈，蘸一下水，由于表面张力的作用，有一些水会留在小圆圈上，但由于重力作用，中间较厚，边缘较薄，将其移近书页，可以看到放大的虚像。

实验原理分析与论证

只要符合凸透镜的特征，即中间厚边缘薄，就能起到凸透镜的效果。每个凸透镜都有焦距，把物体放在焦距之内，就能起到放大镜的作用。

点评

本实验涉及放大镜的原理，实验能引导孩子抓住事物的本质特征，利用生活中的物品进行创造性探究活动。

知识拓展

　　高锟（1933 年 11 月 4 日—2018 年 9 月 23 日），物理学家、教育家，光纤通信、电机工程专家，被誉为"光纤通信之父"，于 2009 年获得诺贝尔物理学奖。

实验二十 → 小小水滴显微镜

（趣味指数★★★★ 安全指数★★★★★）

？ 提出问题

这几天，梦琪对显微镜起了好奇心。她知道显微镜能把十分微小的物体放大，放大的效果比放大镜要好很多，那显微镜的原理是什么呢？

猜想与假设

显微镜由物镜和目镜两组透镜组成，都能放大物体。

设计并进行实验

实验材料

透明塑料板（或玻璃板）、水、放大镜、滴管。

实验步骤

STEP 01 在透明塑料板上滴一滴水做成"水滴放大镜",将"水滴放大镜"靠近非常微小的物体,调整之间的距离形成放大倒立的实像。

STEP 02 保持距离位置不变,另一手拿放大镜,调整放大镜与"水滴放大镜"的距离,使"水滴放大镜"所成的放大倒立的实像在放大镜的一倍焦距之内。观察这个像,发现物体被放大了很多倍。

实验原理分析与论证

显微镜的物镜和目镜都是凸透镜。物镜(靠近物体的凸透镜)成放大倒立的实像,目镜(靠近眼睛的凸透镜)将这个实像再放大一次,成放大的正立的虚像。经过两次放大,能把很小的物体放大很多倍。

点评

实验用到凸透镜成像的知识点，实验可以激发孩子的学习兴趣，加深他们对凸透镜成像规律的了解。

注意事项：

要耐心调整"水滴放大镜"与放大镜之间的距离，才能达到预期效果。

知识拓展

世界上第一台真正意义上的显微镜出现在 17 世纪晚期，制造者是荷兰商人列文虎克。他创新了镜片的磨制方式，使他的显微镜放大倍数达到了 700 多倍，远远超出了同时代其他的显微镜。在他的显微镜下，人们看到了细胞、细菌等，从此人类打开了微观世界的大门。

奇怪的铅笔翻转

（趣味指数 ★ ★ ★ ★　安全指数 ★ ★ ★ ★ ★）

提出问题

　　曹老师告诉小姐妹，凸透镜前有一个点很神奇，在它的两边物体所成的像上下会颠倒，是哪个点呢？

设计并进行实验

实验材料

矿泉水瓶、水、一支短铅笔。

实验步骤

STEP 01 在矿泉水瓶里盛上水。

STEP 02 把短铅笔横放在矿泉水瓶后面。

STEP 03 距离矿泉水瓶由近到远移动短铅笔，透过矿泉水瓶观察铅笔的像。会发现铅笔会突然掉头（笔尖和笔尾调换位置）。

分析与论证

矿泉水瓶盛上水，从侧面看，中间厚边缘薄，与凸透镜原理相同。铅笔在近处（焦距之内）时，成正立的放大虚像；当铅笔远离凸透镜，到焦距之外时，成倒立的实像，因此我们能观察到铅笔到一定距离后突然调换了方向，所以那个使像立即反转 180° 的点就是凸透镜的焦点。

点评

本实验是对凸透镜成像规律的应用，通过实验可以提高学习兴趣。

知识拓展

圆形鱼缸里的鱼，从侧面看会觉得大了很多，这也是鱼缸里的水起到了凸透镜的作用，鱼在一倍焦距之内，成放大的虚像。从水面上看鱼，也是看到的虚像，像的位置偏上，但大小没有改变。

第五章
光现象——颜色之谜

实验二十二 ▶ 面盆里出来的彩虹

（趣味指数 ★★★★★　安全指数 ★★★★★）

？提出问题

夏天的雨后，曹老师和孩子们站在阳台上欣赏天边美丽的彩虹。那么彩虹是怎么形成的呢？

猜想与假设

彩虹一定是从阳光中折射出来的，看来阳光是一种混合光。

设计并进行实验

实验材料

面盆、大一些的镜子。

实验步骤

STEP 01 在面盆里接半盆水，放到室内窗前的阳光下。

STEP02 把镜子斜放在水中，调整角度，直到镜子反
射出的光在墙上出现彩色。

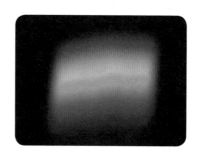

实验原理分析与论证

实验说明阳光不是单色光，而是复色光。阳光经水面发生折射进入镜子后反射回水面再次发生折射到墙上出现彩色，各种色光对于水的折射程度不同，从而使各种色光按照一定规律排列开来，它的形成原理与天空雨后的彩虹是一样的。

点评

实验涉及的知识点：光的色散、光谱、光的折射；实验体现了物理与生活的紧密联系，能很好地提高孩子学习的兴趣。

知识拓展

光的色散：雨后空中附着大量水滴，使空气密度很不均匀，阳光照射时，各种色光折射程度不同被分散开，于是我们看到了彩虹，这种现象叫作光的色散。

 用小喷壶造出彩虹

（趣味指数★★★★　安全指数★★★★★）

提出问题

曹老师带着梦琪和艺璇到公园玩，公园里有个喷水池在不停地喷水，水雾在阳光照射下，出现了一道弯弯的彩虹，姐妹俩非常高兴。

猜想与假设

它和雨后的彩虹形成的原理应该是一样的。

设计并进行实验

实验材料

小喷壶、水。

实验步骤

STEP01 有阳光斜射入室内时，站在窗口或门口，背对阳光。

STEP02 用小喷壶喷出水雾，随着水雾纷纷下落，仔细观察，你会发现彩色的大光圈，在空中形成彩虹。

实验原理分析与论证

水雾的密度不同，由于光的色散，各种色光分化出来，形成了彩虹。

点评

实验用到光的色散知识，实验能很好地提高孩子探究兴趣，培养科学态度和科学精神。

注意事项：

要调好喷壶的喷嘴，使其能喷出细小的水雾，否则是看不到彩虹的。

知识拓展

最早是牛顿用玻璃三棱镜，把太阳光分解为红橙黄绿蓝靛紫七色光，揭示了太阳光不是单色光，是由多种色光混合而成的复色光，从而揭开了阳光颜色之谜。

实验二十四 羽毛中的光谱

（趣味指数 ★★★　安全指数 ★★★）

提出问题

梦琪有一根漂亮的羽毛，这天她拿着玩，发现了一个现象，是什么呢？

设计并进行实验

实验材料

蜡烛、火柴、羽毛。

实验步骤

STEP 01 在暗室内点燃蜡烛，透过羽毛看烛焰，发现出现了彩色光谱。

STEP 02 白天透过羽毛眯着眼看太阳也能看到斑斓的彩纹。

实验原理分析与论证

这是因为通过缝隙的白光发生了"衍射"。在均匀排列的羽毛组成的缝隙之间，存在着锐利的边缘间隙，光线通过这里时被"折断"，即被引开，并把白光中的颜色分解开。

点评

通过实验培养孩子的科学态度和科学精神。

注意事项：

1. 透过羽毛看太阳时，要眯着眼不要被强光刺伤眼睛。
2. 注意用火安全。

知识拓展

问：光年是时间单位吗？

答：不是！不要以为它带着一个"年"就觉得它是时间单位，实际上它是距离单位。1光年，表示光在真空中传播一年所经过的距离。光在真空中的速度是 3×10^8 米/秒，以这个速度运行一年的时间，所走的距离可真是一个天文数字。光年一般用在遥远的星际距离，因此它是天文学上表示距离的单位。

实验二十五 ▶ 陀螺旋转颜色变

（趣味指数 ★★★★　安全指数 ★★★★）

❓ 提出问题

梦琪和艺璇在桌子上玩陀螺。曹老师说利用陀螺，可做关于色光混合的小实验。那么单色光有哪些？不同色光混合会产生什么颜色？有什么规律吗？

猜想与假设

有一些色光是单色光，有一些是复色光，复色光是由单色光混合成的。

设计并进行实验

实验材料

旧手机、小喷壶、陀螺、白纸、铅笔、三角板、彩笔（或颜料）、剪刀、双面胶、细绳。

实验步骤

STEP 01 打开手机屏幕，找到一个白色页面。用小喷壶轻轻向手机屏幕喷出一些水雾。

STEP 02 观察这些水雾，我们会发现，水雾闪着彩色光点，仔细观察，主要的色光是红、绿、蓝三色。

STEP 03 用铅笔在白纸上画出与陀螺上表面大小相同的圆，用剪刀裁出圆形纸片粘在陀螺上。

STEP 04 用三角板从圆心分别作三条半径，这样就把圆纸分成三部分，各部分的比例可以相同，也可以不同。

STEP 05 分别用红、绿、蓝三种颜色，在纸片不同区域涂色，每个区域只涂一种颜色。整个圆面要涂满，不要有空白。

STEP 06 高速转动陀螺，观察纸面上的颜色有什么变化。

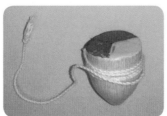

实验原理分析与论证

红、绿、蓝是三种单色光，通过三棱镜是没有其他色光出现的。其余各种颜色的光包括白色光，都是由这三种色光按照不同比例混合而成的，因此这三种色光叫作三原色。手机上的小水珠所折射出的就是这三种色光。

在试验中，陀螺快速旋转，色光快速交替，三原色按照不同比例混合产生了其他颜色。

点评

实验涉及知识点：光的三原色、单色光和复色光。通过实验引导孩子经历探究过程，锻炼动手操作能力。

知识拓展

把阳光分解为红、橙、黄、绿、蓝、靛、紫的彩色光带，叫作光谱。实际上，在红色光以外还有我们肉眼看不见的光，叫作红外线；在紫光之外，也有我们肉眼看不见的光，叫作紫外线。红外线和紫外线在生活中也有广泛应用。

实验二十六 哪张纸更热一些

（趣味指数 ★ ★ ★　安全指数 ★ ★ ★ ★ ★）

? 提出问题

　　夏天到了，天气越来越热。梦琪和艺璇在讨论穿什么颜色的衣服更凉快一些。曹老师带领她们做了一个小实验，结论是什么呢？

猜想与假设

　　不同的颜色吸热情况不一样。

设计并进行实验

实验材料

红色、白色、绿色等各种颜色的卡纸。

实验步骤

STEP 01 将各色卡纸，放到室内阳光充足的地方晒。

STEP 02 过一段时间用手触摸，墨绿色的卡纸比较热一些，白色的温度最低。

实验原理分析与论证

物体表面颜色越深，吸热能力越强。在各种颜色中黑色吸热能力最强，白色最弱。

点评

不同的颜色对阳光反射和吸收的程度不同，通过实验引导孩子多注意观察生活现象，多将物理知识与生活实际联系起来。

知识拓展

冬天，人们穿深色衣服，可以更好地吸收阳光的热量；夏天，人们穿浅色衣服，尤其是白色的，可以减少对阳光热量的吸收，可以更凉快一点。

 **太阳能热水池**

（ *趣味指数* ★★★　 *安全指数* ★★★★★ ）

？ 提出问题

梦琪和艺璇在学习了颜色吸热情况后，讨论起太阳能热水器的原理。曹老师带领姐妹俩做了一个太阳能热水池的实验，并让她们思考：要把热聚集起来，需要解决什么问题？你也来想一想吧！

猜想与假设

需要解决两方面问题：一是高效吸热问题，二是防止散热问题。

设计并进行实验

实验材料

铁盒、大纸盒、几条毛巾、黑色塑料纸、水、玻璃板。

实验步骤

STEP 01 将纸盒底部和四周铺上毛巾，把铁盒放入纸盒。

STEP 02 把黑色塑料纸铺到铁盒里，四周要多出盒沿（预备装水）。

STEP 03 在铁盒与纸盒之间塞满毛巾。

STEP 04 向铁盒中倒入大半盒水，把玻璃板盖在铁盒上，使其接触严密。

STEP 05 把整个装置放到阳光强烈的地方，一段时间后，打开玻璃板试一下水温，发现水已经很热了。

实验原理分析与论证

铁盒和塑料纸是黑色的，可以提高吸热效率；底部和周围用毛巾包裹，是为了减少散热；盖上玻璃板一方面可以方便阳光照射，另一方面减少热量向空气中散失。有了这些措施，水很快会变热。

点评

学以致用，培养孩子的动手操作能力，体现物理知识的实用性。

注意事项：

在正午太阳光直射时效果最好。

知识拓展

霓虹灯能发出各种颜色的光，令人赏心悦目，可你知道它的发光原理吗？霓虹灯里面装的是氖、氦、氩等惰性气体，这些气体在高电压作用下会发出各种颜色的光。霓虹灯光的颜色与气体种类以及灯管的颜色有关。

第六章

声现象

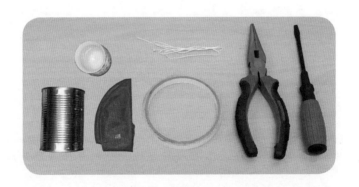

实验二十八 看见了声音

（趣味指数 ★ ★ ★   安全指数 ★ ★ ★ ★）

提出问题

梦琪和艺璇都在学习演奏乐器。曹老师问："你们知道声音是怎么产生的吗?"

猜想与假设

物体在发出声音时与不发声时,应该有所不同。

设计并进行实验

实验材料

八宝粥罐、钳子、碎镜片、双面胶、气球、细线、一杯水、螺丝刀。

实验步骤

STEP 01 用钳子和螺丝刀把八宝粥罐的两端封口去掉,做成一个金属圆筒。

STEP 02 将气球剪破蒙在圆筒一端,拉紧使气球皮紧绷在筒上,周围用细线缠绕固定。

STEP 03 在气球皮上,用双面胶粘上一块碎镜片,粘在边缘效果更好。

STEP 04 在阳光很好的中午，把圆筒对着墙，并使镜片反射的光点出现在墙上，对着圆筒大声说话、唱歌，你会发现光点会产生不同的图形。

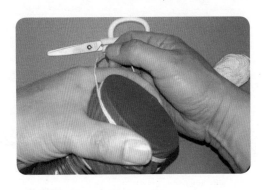 

实验原理分析与论证

实验中，人说话时空气振动，带动气球皮振动，于是碎镜片振动，它所反射的光点就会以较大的幅度移动，表明发声体在振动。

点评

实验涉及的知识点：声音是如何产生的。

知识拓展

实验用到了物理学常用的一种研究方法：转换法，又叫放大法。实验中把不容易观察的微小振动，转换为容易观察的光斑的扰动。

实验二十九 玩一玩"棉线电话"

（趣味指数 ★★★★　安全指数 ★★★★）

提出问题

曹老师告诉艺璇和梦琪：物体振动产生了声音，声音必须通过媒介物质传播。那么哪些物质可以传播声音，传播效果如何呢？

猜想与假设

显而易见，声音可以在空气中传播，那么声音能不能在固体物质中传播呢？做实验探究一下。

设计并进行实验

实验材料

剪刀、棉线、火柴棒、两个一次性纸杯（或塑料瓶底）、钉子。

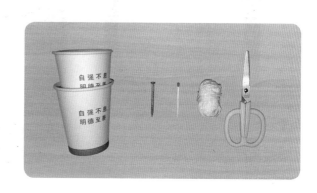

实验步骤

STEP01 剪一段 4 米长的棉线待用。用钉子
分别在两个一次性纸杯的杯底中心
扎一个孔。

STEP02 把一根火柴棒一分为二，分别拴在
棉线的两端。

STEP03 将这两个半根火柴棒带着线分别从两个纸杯底的孔中穿进，再拉动棉线，使火
柴棒卡在杯底不能被拉出。

STEP04 两个人一人拿一个纸杯把棉线拉紧，一人把纸杯扣在耳朵上，另一人对着纸杯
讲话，接收者会听到清晰的声音。

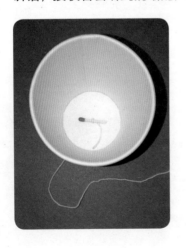

实验原理分析与论证

这个声音是通过棉线传过来的，说明固体可以传播声音。

点评

实验反映的是固体、液体、气体都可以传播声音的知识点，利用生活物品小制作加深对知识的理解，提高学习兴趣。

注意事项：

1. 棉线一定要拉紧。
2. 使用剪刀和钉子时要注意安全。

知识拓展

声音不能在真空中传播，必须要借助媒介物质（介质），声音可以在气体、液体、固体中传播。一般来说，固体更善于传播声音。声音在一个标准大气压和15℃的空气中的传播速度为340 m/s，平时说的超声速飞机，就是指超过这个速度。

实验三十 ▶ 水杯演奏器

（趣味指数 ★★★★　安全指数 ★★★★★）

❓ 提出问题 ⋯⋯⋯⋯⋯⋯⋯⋯⋯⋯⋯⋯⋯⋯⋯⋯⋯⋯⋯⋯⋯⋯⋯⋯⋯○

艺璇："乐器为什么能奏出好听的乐曲？"

梦琪："它们演奏出来的是乐音，乐音是发生体有规律振动产生的。"

艺璇："那音乐中不同的音调是怎样产生的呢？"

梦琪回答不上来了。你知道吗？

设计并进行实验

实验材料

七个玻璃杯、水、一根筷子。

实验步骤

STEP 01 把玻璃杯依次排放好，不要接触。

STEP 02 在每个杯子中倒入水的高度依次增加。

STEP 03 用筷子敲击玻璃杯，会出现一定的乐音曲调。

STEP 04 不断调整，使水的高度合适，你甚至可以演奏出简单的乐曲。

实验原理分析与论证

乐音有三个特征：音调、响度和音色。音调与发声体的振动频率有关，而杯子振动发声的频率与杯中空气柱的长度有关。空气柱越长，音调越低，反之，音调越高。调整空气柱的长度，使敲击时发的音与相应的音调相符。筷子敲击力度不同，响度就不同，节拍由曲谱来决定，这样就可以演奏简单的乐曲了。

点评

通过本实验，孩子可以了解乐音的三个特征：音调、响度和音色。

知识拓展

超声波和次声波。音调的高低与发声体振动的频率有关。物体每秒振动的次数叫作频率，单位是赫兹，频率表示物体振动的快慢。比如一个发声体每秒振动 300 次，那它的振动频率就是 300 赫兹。人耳能听到声音的范围是 20 到 20 000 赫兹。低于 20 赫兹的声音是次声波，超过 20 000 赫兹的声音叫超声波。

实验三十一 声音传递能量

（趣味指数★★★★★ 安全指数★★★★★）

提出问题

这天，乌云密布，狂风大作。一个炸雷响起，震得窗户抖动，梦琪和艺璇一声惊呼。曹老师说："声音可以传递信息，也可以传递能量。"那么，怎样才能说明声音能传递能量呢？

设计并进行实验

实验材料

一个空饮料瓶、一支蜡烛、火柴、橡皮膜（气球皮）、橡皮筋、剪刀。

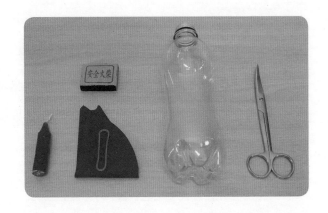

实验步骤

STEP 01 用剪刀将饮料瓶的底剪掉，并把瓶盖去掉。

STEP 02 在剪开的瓶底蒙上橡皮膜，用橡皮筋箍紧。
在桌面固定一支蜡烛，并将其点燃。

STEP 03 使饮料瓶的瓶口正对蜡烛火焰，但要保持
一定的距离。

STEP 04 用手轻轻弹击橡皮膜，使之发出声音，观察蜡烛火焰的变化情况。

实验原理分析与论证

　　橡皮膜振动发出声音，通过瓶中的空气向烛焰传递，可以看到烛焰发生晃动，甚至熄灭，说明声音可以传递能量。

点评

实验用到了声音可以传递能量的知识点，让孩子经历科学探究过程，体会科学研究方法。

注意事项：

实验中用到了火，要注意安全。

知识拓展

声音是以波的形式传播的，可以传递能量，这在生活中的应用很多，比如利用超声波引起水的振动来清洗精密仪器，利用超声波除去人体内的结石等。

第七章
力学——力的概念

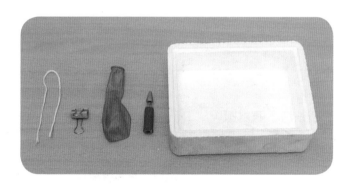

实验三十二 ▶ 听指挥的"小鱼"

（趣味指数★★★★★　安全指数★★★★）

❓ 提出问题

梦琪和艺璇在玩拉力器，曹老师说："今天咱们认识一下物理中的一个重要概念——力"。力看不见摸不着，人们是如何认识力的存在呢？

猜想与假设

可以根据力所产生的效果来认识它。

设计并进行实验

实验材料

玻璃盆、水、小铁钉、薄木板（或硬纸板）、泡沫、气球、强力磁铁。

实验步骤

STEP 01 将泡沫剪成小鱼的形状，把铁钉水平扎进去，外面套上气球，尾部扎起来，放到装了水的玻璃盆里。

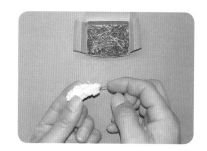

STEP 02 在玻璃盆下面垫一块薄木板。

STEP 03 拿出强力磁铁，在玻璃盆周围或者木板底下活动，发现"小鱼"受你指挥游来游去。

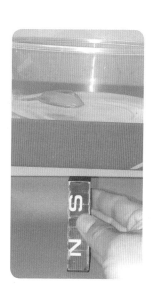

实验原理分析与论证

实验中，铁钉受到磁铁吸引力的作用。力可以改变物体的运动状态，使"泡沫小鱼"

运动起来。力的一个重要作用效果就是使物体的运动状态改变。

点评

实验涉及的知识点：力的概念和力的作用效果。目标：通过实验，认识力可以改变物体运动的方向和快慢。

知识拓展

力有两方面作用效果：一是可以改变物体的形状；二是可以改变物体的运动状态。我们用力可以把铁丝掰弯，把气球压扁，这就是改变物体的形状。实验中，磁铁对铁钉的吸引力使"小鱼"由静止变为运动，属于改变了物体的运动状态。

实验三十三  气球喷气船

（趣味指数 ★ ★ ★ ★ ★　安全指数 ★ ★ ★ ★ ★）

提出问题

曹老师："船在静水中要想前进，必须要用船桨向后拨水，这里面有什么道理呢？"

猜想与假设

只有这样才能获得水的反推力。

设计并进行实验

实验材料

夹子、固体泡沫、气球、棉线、圆珠笔壳。

实验步骤

STEP01 将固体泡沫做成船的形状。

STEP02 把气球的口部用线捆在笔壳粗口端，让
笔壳细口端穿过泡沫。

STEP03 将气球吹起来，用手堵住笔壳细口（或用夹子夹住气球），使气不外泄。

STEP04 将装置放到水面上，松开手（或取下夹子），气体从笔壳细口向外喷出，船就向
前行驶了。

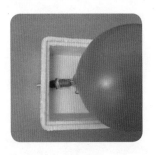
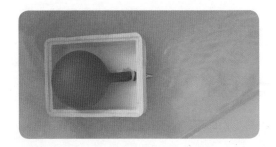

实验原理分析与论证

因为力的作用是相互的，当气体向后冲出的同时，会产生一个反向推力，使小船
获得前进的动力。

点评

通过趣味小制作，加深孩子对力的概念的理解。

知识拓展

伽利略（1564 年 2 月 15 日—1642 年 1 月 8 日），意大利著名的天文学家、物理学家。他开创了实验物理学的新时代，研究并提出了单摆的等时性原理，发明了天文望远镜，提出了惯性和加速度等概念，为牛顿总结运动学三定律提供了基础。

实验三十四 ▸ 铁吸引磁体吗

（ 趣味指数★★★ 　安全指数★★★★★ ）

❓ 提出问题

梦琪："大家都知道，磁体可以吸引铁，那么铁也能吸引磁体吗？"

艺璇："不能。"

艺璇的回答对吗？

猜想与假设

实践是检验真理的唯一标准，还是用实验来验证吧。

设计并进行实验

实验材料

磁针、螺母（或铁块）、钢钉、磁铁。

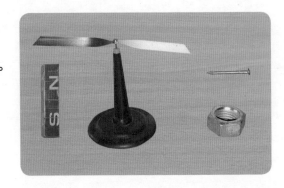

实验步骤

STEP01 将螺母靠近钢钉，它们不相互吸引，说明螺母和钢钉都不是磁体。

STEP02 把磁针放在桌面上，静止下来时，磁针大约指向南北方向。将螺母靠近磁针，发现磁针被吸引转动起来。说明铁在吸引磁体。

STEP03 拿钢钉在强力磁铁上向同一方向滑动几下，这样钢钉就被磁化成了磁体，用螺母靠近钢钉，会发现螺母吸引钢钉。

  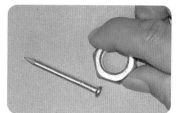

实验原理分析与论证

　　力的作用是相互的，甲物给乙物施加力的同时，乙物也给甲物施加力，注意是"同时"，没有先后之分，力的产生是双向的，而不是单向的，因此铁也是吸引磁体的。

点评

实验涉及的知识点：力的作用是相互的。通过实验，加深孩子对力的概念的理解。

知识拓展

两个物体发生力的作用总是相互的。相互作用的两个力，比如马拉车的力和车拉马的力，总是大小相等，方向相反，作用在同一条直线上。这就是牛顿第三定律的内容。

实验三十五 用纸造桥

（趣味指数 ★ ★ ★ ★ ★　　安全指数 ★ ★ ★ ★ ★）

提出问题

梦琪和艺璇在玩折纸，曹老师提议来个造纸桥比赛，每人只能用一张 A4 纸，不能撕开，看谁做的桥最结实。

纸的强度很低，很容易弯折，怎么做桥呢？看她们想出了什么好方法。

> **猜想与假设**
>
> 把纸改变形状，就可以承受较大的重量。

设计并进行实验

实验材料

A4 复印纸、三枚一元硬币、两个相同的杯子、一杯水。

实验步骤

STEP 01 把两个杯子隔开一段距离，倒扣在桌面上。将一张纸平放在两个杯子上，做成一个简单的"单纸桥"。

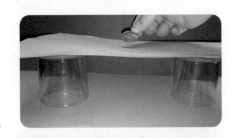

STEP 02 把硬币放到纸的中央，会发现"桥"很快被压塌了，连一枚硬币的重量也承受不住。

STEP 03 把一张纸的两个对角向中间卷，两边卷过的纸要差不多，这样，这张纸变成了"纸筒桥"。

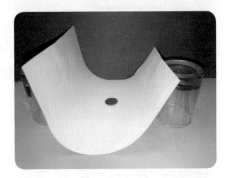

STEP 04 把"纸筒桥"两端放在杯子上，放三枚硬币，发现"桥"很稳定，完全可以承受更多重量。

STEP 05 取另一张纸，从长边一侧开始正反折叠，每次折叠的宽度大约 2 厘米，把纸折成波浪状，这样就做成了一座"波浪桥"。

STEP 06 把"波浪桥"在杯子上放好，把硬币往桥上放，发现支撑三枚一元硬币没有任何问题。"桥"很结实，完全可以承担更重的物体。

STEP 07 将硬币换成盛水的杯子，在"纸筒桥"和"波浪桥"分别放好，两者都能承受得住。

实验原理分析与论证

材料的强度与它的形状有很大关系，把纸折成圆筒或者波浪状，能够增大上下方向的支撑力量，所以能承受住一杯水的重量。

点评

本实验加深孩子对力的概念的理解，提高学习兴趣。

知识拓展

力的三要素：力的大小、方向和作用点。

每种力都有三要素，它们影响力的作用效果。某些特殊力还有其他影响效果的因素，比如压力是垂直作用在物体上的力，它的作用效果还与受力面积的大小有关。

第八章
力学——重力

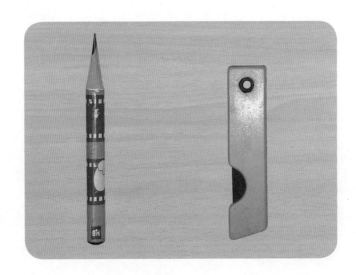

 向"高处"滚动的钢球

（趣味指数 ★ ★ ★　　安全指数 ★ ★ ★ ★ ★）

曹老师："球形物体从静止释放，总会向低处滚动，你们见过释放后向高处滚动的球吗？"

艺璇："这太反常了，不可能。"

那到底能不能呢？

设计并进行实验

实验材料

两把螺丝刀、一个大钢球。

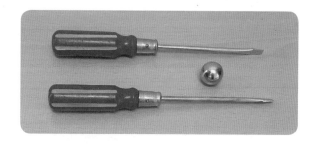

实验步骤

STEP 01 把两把螺丝刀平放在桌面上（螺丝刀靠近木柄的一端高，刀口处低）。

STEP 02 把木柄处分开一定距离，宽度略小于钢
　　　　球的直径，刀口端互相接触。

STEP 03 将钢球放在金属杆中间略上的位置松
　　　　手，你会发现球向木柄方向滚动。

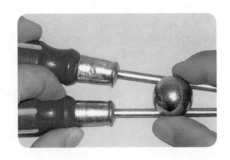

实验原理分析与论证

越靠近木柄一端，金属杆分开越大，球的重心越低。金属杆的位置高了，但球的位置更低了。实际上，球还是向低处滚动了。

点评

通过实验引导孩子仔细观察、深入思考。

知识拓展

重力是地球上的物体都离不开的一种力，它把一切物体拉向地球中心。重力的施力物体是地球，重力的方向总是竖直向下，重力的大小与物体的质量成正比。

 **立在手指上的铅笔**

（趣味指数★★★★ 安全指数★★★★）

 **提出问题**

艺璇和梦琪试着将铅笔立在自己的手指上，可惜谁都不能坚持一段时间。曹老师说："我有一个办法能让铅笔稳稳地立在手指上。"是什么办法？其中有什么科学道理呢？

设计并进行实验

实验材料

铅笔、小刀（刀片和刀鞘部分之间的摩擦力要大一些的）。

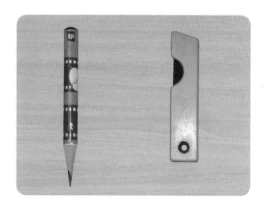

实验步骤

STEP 01 把小刀刀尖竖向插入铅笔侧面。

STEP 02 不断调整刀鞘与刀的角度，直到笔尖可以稳稳地立在手指上。

 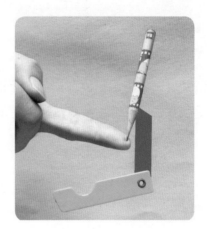

实验原理分析与论证

铅笔和小刀可看作一个物体，物体的重心恰好在笔尖上时，托起了笔尖，整个物体可以处于稳定状态。

点评

通过有趣的小制作，展示物理原理，提高了孩子的学习兴趣，加深了孩子对重心有关知识的理解。

注意事项：

使用小刀要注意安全，不要伤到自己。

知识拓展

重力在物体上的作用点叫作物体的重心，可以简单地认为物体的重力都作用在这个点上，重心被支持住，物体就比较稳固。实际上，物体各个部分都受到重力，重心的概念是为了研究问题方便而引入的一个物理模型，引入物理模型是研究物理问题的一种重要方法。

实验三十八 巧找重心

（趣味指数 ★ ★ ★   安全指数 ★ ★ ★ ★）

❓ 提出问题

梦琪和艺璇对物体的重心产生了强烈的兴趣，她们一起动手来探寻物体的重心在哪个位置。一起来看一看她们用了什么原理吧。

猜想与假设

物体的重心应该通过重力的方向总是竖直向下来寻找。

设计并进行实验

实验材料

铅笔、形状不规则的薄木板、细绳、手钻、塑料尺、记号笔。

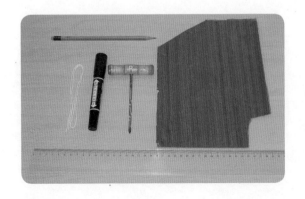

实验步骤

STEP 01 在木板不同位置打好两个小孔。

STEP 02 用细绳系在薄木板的一个孔上，将木板悬挂起来。待稳定后，拿塑料尺和记号笔沿悬绳的方向，在木板上画一条直线。

STEP 03 将装置取下来，解开细绳，系在另一个小孔上，再次悬挂起来。重复步骤 2，这样两条直线就会出现一个交点。

STEP 04 在交点上画得重一点，标上字母 G，这个点就是薄木板重心的位置。

实验原理分析与论证

实验利用了重力的方向总是竖直向下的原理，两次悬挂，重心一定在悬线所标出的竖直方向，两条直线可以确定一个点，重心就在两条线的交点上。

点评

实验涉及的知识点：重心、重力的方向，引导孩子学会用物理知识来解决实际问题。

注意事项：

使用手钻打孔注意安全，不要伤到自己。

知识拓展

重力的方向是竖直向下，但不能说成指向地心。这是因为重力是地球对物体引力的一个分力。由于地球在自转，地面上的物体要维持圆周运动需要一个向心力，这是引力的另一个分力。地球对物体的引力是指向地心的，重力方向一般与指向地心的方向有一个偏角，偏角并不大，可以近似认为重力的方向指向地心。

在地球赤道和南北极，重力的方向是指向地心的，这是因为：赤道上，两个分力方向一致了；在两极点上，维持圆周运动的向心力没有了，只有重力。

 **重心与稳定性**

（ 趣味指数 ★ ★ ★ ★　安全指数 ★ ★ ★ ★ ）

提出问题

曹老师说："物体的重心越低越稳定。"姐妹俩不是很理解，曹老师用一个实验来说明，他是如何验证呢？

猜想与假设

物体的稳定性与重心的高低，以及与支撑面积的大小有关。

设计并进行实验

实验材料

一段外径 2 厘米左右的塑料管（外径小于 10 厘米即可）、一支蜡烛（直径等于或略大于塑料管的内径）、一块平整的小木板（或塑料板）、小刀、木块、钢尺。

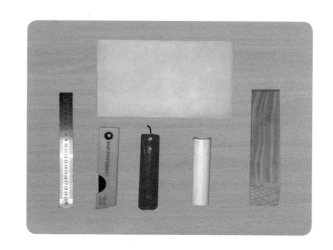

实验步骤

STEP 01 用小刀将塑料管的两端裁平整。截取一段蜡烛，长度大约是塑料管的一半或略短。

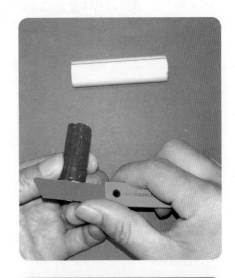

STEP 02 将蜡烛从塑料管一端插入，使蜡烛完全进入并且更向里一点，以保证塑料管两端立在木板上时与木板的接触面积相等。

STEP 03 将塑料管空端立在小木板的某一位置，固定木板在桌面的位置；轻轻地抬起木板一侧，将木块塞入木板下，并小心地把木块向前推进，直到塑料管倒下。用钢尺记录下此时木板翘起的高度。

STEP 04 再将塑料管插入了蜡烛的一端立在木板相同位置上，重复前面的过程。

STEP 05 比较两次木板抬起的高度，即斜坡角度的大小。实验结果表明，塞入蜡烛的一端在下方时更稳定。

实验原理分析与论证

塑料管塞入蜡烛的一端，重心低，更稳定，放在斜坡上可以有比较大的倾斜角度而不倒；相反，蜡烛在上时，重心较高，木板稍微倾斜就容易倾倒。

点评

实验是对重心知识点的加深理解，重点体现了研究问题的一个重要方法：控制变量法。实验能提升孩子学习兴趣、探究能力，对创新意识以及科学态度、科学精神方面的培养也有好处。

知识拓展

实验体现了控制变量的研究方法。例如有三个变量（因素）A、B、C，都会影响结果或者可能影响结果。为了研究 A 因素是如何影响结果的，就要做对照试验，只改变 A，让 B 和 C 保持不变，这种方法叫作控制变量法。

实验四十 火柴瓶盖陀螺

（趣味指数 ★★★★　安全指数 ★★★★）

提出问题

梦琪："可以利用陀螺原理增大物体的稳定性。"

曹老师："说得不错，我来教你们做一个最简单的陀螺，能让一根火柴站立很长时间！通过它也能证明重心越低越稳定。"

他是怎么做的呢？

设计并进行实验

实验材料

火柴棒、锥子、塑料瓶盖。

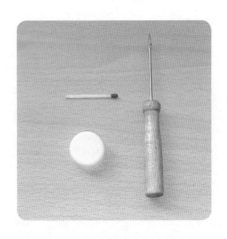

实验步骤

STEP 01 用锥子在瓶盖中心扎一个孔。

STEP 02 把火柴棒一端从瓶盖插入（火柴头在瓶盖外面）。

STEP 03 在桌面上捻动火柴棒，松手后，火柴棒带动瓶盖稳定地旋转起来。这就成了一个简单的陀螺。

STEP 04 调整瓶盖在火柴棒上的位置，让它多次旋转，会发现，瓶盖离桌面越近、位置越低，它旋转的时间越长，越稳定；瓶盖离桌面越远、位置越高，它旋转的时间越短，越不稳定。

实验原理分析与论证

陀螺原理增加了火柴与瓶盖的稳定性，重心越低，稳定性越好。

点评

实验涉及的知识：重心和陀螺原理。实验用日常物品，生动地解释了复杂的物理现象，能很好地激发孩子的兴趣。

注意事项：

使用锥子时要注意安全，不要伤到手。

趣味物理小问答

问：物体的重心一定在物体上吗？

答：不一定，比如质量均匀的环状物体，其重心在环的中心处，并不在物体上。

第九章

力学——摩擦力

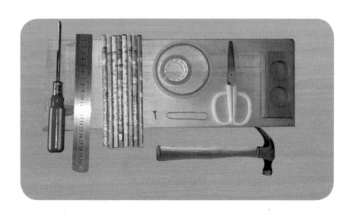

实验四十一 铅笔下坡

（趣味指数★★★　安全指数★★★★★）

？ 提出问题

梦琪和艺璇最近迷上了轮滑，她们穿着轮滑鞋，不知摔倒了多少次，终于学会了。为什么穿着轮滑鞋在地面上走就很滑呢？

设计并进行实验

实验材料

铅笔、木板、木块。

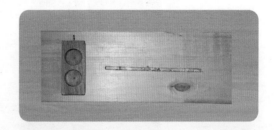

实验步骤

STEP 01 在一张平整的桌面上，把木块放在木板下，将木板支成一个斜面。

STEP 02 把铅笔竖放在斜面上，发现铅笔静

止，并没有滑下来。

STEP 03 把铅笔横放在斜面上，发现铅笔滚落

下来。为什么两次会有不同的效果？

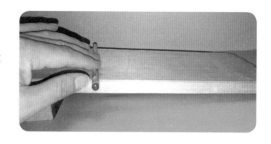

实验原理分析与论证

竖放时，铅笔与木板之间是静摩擦力，横放时它们之间是滚动摩擦力。一般来说，滚动摩擦要比其他类型摩擦小很多，因此出现实验中的情况。

点评

通过常见的实例，了解摩擦力的相关知识。

知识拓展

滚动摩擦力要比其他形式的摩擦力小得多，因此成为减小摩擦力的重要方法，这也是车用圆形轮子的原因。

实验四十二 ▶ 圆铅笔上的木块

（趣味指数 ★★★　安全指数 ★★★）

？ 提出问题

为了更直观地让梦琪和艺璇理解滚动摩擦力和滑动摩擦力，曹老师做了一个小实验，他是怎么做的呢？

设计并进行实验

实验材料

长方形木板、圆铅笔若干支、长方体木块、螺丝钉、钢尺、双面胶、透明胶带、橡皮筋、剪刀、螺丝刀、锤子。

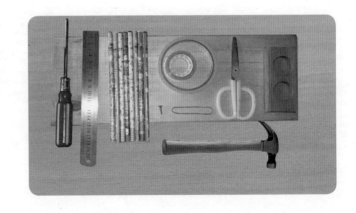

实验步骤

STEP 01 在木块一端的中间位置钉一个螺丝钉，用螺丝刀拧紧。

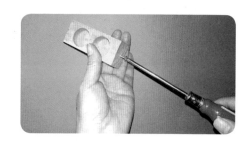

STEP 02 剪开橡皮筋，将其一端系在螺丝钉上，另一端绾上一个结。

STEP 03 用透明胶带在木块的一侧固定一把钢尺。

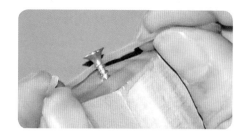

STEP 04 把木块放在木板上，并在木块上放一个重物（石块等，用以增大摩擦力）。

STEP 05 手拉橡皮筋，轻轻匀速拉动木块，观察橡皮筋所绾的结在钢尺上的位置。并作标记。

STEP 06 拿开木块（带重物），在木板上均匀平行摆放一些圆铅笔，将木块（带重物）放在铅笔上。

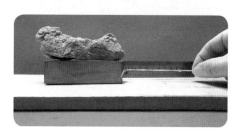

STEP 07 轻轻匀速拉动木块前进，观察橡皮筋所绾的结在钢尺上的位置，会发现这个结远没有到达刚才的标记处，这次拉动只需要很小的力，这说明摩擦力变小了。

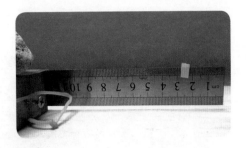

实验原理分析与论证

同等情况下，滚动摩擦力要比滑动摩擦力小很多。木块在铅笔上运动时，木块受到的是滚动摩擦力，因此所需的拉力就会很小，橡皮筋伸长较短。

点评

实验涉及滚动摩擦和滑动摩擦相关知识，通过小实验，加深孩子对摩擦力相关知识的理解。

知识拓展

摩擦力可以分为动摩擦和静摩擦两类，动摩擦又分为滑动摩擦和滚动摩擦两种。影响动摩擦大小的因素有两个：一个是物体间接触面上的压力大小，压力越大摩擦力越大；另一个是接触面的粗糙程度，接触面越粗糙，摩擦力越大。

 筷子提起一杯米

（趣味指数 ★ ★ ★ ★　安全指数 ★ ★ ★ ★ ★）

？ 提出问题

梦琪觉得两个物体之间要产生摩擦力，一定是要做相互运动，可曹老师告诉她两个物体保持相对静止，也能产生摩擦力，这是为什么呢？

猜想与假设

物体间有相对运动趋势，也会产生摩擦力。

设计并进行实验

实验材料

小米、茶杯、一根竹筷子、水。

实验步骤

STEP 01 在茶杯里装上大半杯小米，将一根筷子插在中间。

STEP 02 将小米压紧，使筷子直立，握住筷子向上提，筷子很容易被拔出来。

STEP 03 往杯子里加水，使水浸到小米的表面，把多余的水倒出来。再次把筷子插进小米中，将小米压紧。

STEP 04 静置半天后，用手握住筷子缓慢提起，发现筷子把整个杯子提了起来。

实验原理分析与论证

艺璇："为什么用一根筷子可以提起这么重的东西?"

梦琪："一定是摩擦力帮了忙。"

艺璇："浇上水，干燥的小米经过半天的浸泡涨大了许多，对筷子的压力增大了，因此增大了摩擦力。我的解释对吗?"

曹老师："加水后小米发生膨胀，将筷子压紧，增加了筷子与小米之间的摩擦力，同时，小米与杯壁的摩擦力也增加了，因此会出现这样的现象。此时，筷子和小米之间没有相对运动，但由于小米相对筷子有向下运动的趋势，因此也可以产生摩擦力，叫作静摩擦力。"

点评

实验涉及静摩擦力的知识。通过制造令人惊奇的效果，提高孩子对摩擦力的兴趣。

注意事项：

1. 将筷子粗的一端插入小米中效果更好。

2. 小米中加水要适量，待小米全部湿润后，要将杯口斜向下，把多余的水倒掉。然后把筷子竖好，表面的小米压紧。

3. 要有耐心，等待 5 个小时左右。提小米时要小心，不要离开桌面太高。

知识拓展

摩擦力可以分为有益摩擦和有害摩擦。如我们用手拿起物体，必须要靠手和物体之间的摩擦力，否则就拿不起来，因此这个摩擦就是有益摩擦；车轮和轴之间的摩擦，会影响转速，增大磨损，因此这个摩擦是有害摩擦。

第十章
力学——液体表面张力

实验四十四 硬币水上漂

（趣味指数 ★ ★ ★ ★ ★　安全指数 ★ ★ ★ ★ ★）

? 提出问题

　　梦琪和艺璇通过电视观看宇航员在太空飞船上做科学小实验：一个水滴越来越大，飘浮着，映出了宇航员的倒影。水滴为什么会自己聚合成一个球体呢？曹老师说是因为液体有表面张力。让我们看看表面张力到底多有趣。

猜想与假设

　　表面张力是液体表面上产生的一种收缩的力。

设计并进行实验

实验材料

　　缝衣针（或订书钉）、回形针、一角钱硬币、小纸片、水、蜡烛、肥皂。

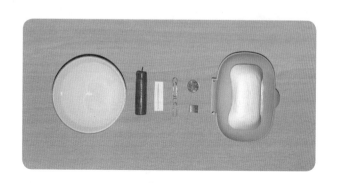

实验步骤

STEP 01 撕一块小纸片，把小纸片平放在水面，将一枚缝衣针轻轻放在纸上（订书钉也可以）。

STEP 02 随着时间的推移，纸片会慢慢变湿而沉入水中，令人惊奇的是，缝衣针却没有沉下去。

STEP 03 把干燥的缝衣针在蜡烛上摩擦，使针的表面涂上一层蜡，再小心地把针平放在水面，针漂浮在水面上。

STEP 04 把回形针上层向上折起，下层保持原来的样子，手捏折起的部分，将它轻轻放到水面，注意尽量将下层平稳接触到水面，这样回形针就漂浮在水面了。

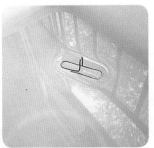

STEP 05 将一枚回形针上层向上折起，下层保持好，这样就做成了一个支撑硬币的工具。将硬币放在回形针下层，手拿上层折起部分，将硬币小心翼翼平放到水面，慢慢将回形针拿开，硬币就会漂浮在水面了。

实验原理分析与论证

表面张力是液体表面存在的一种使液面张紧的力。它总是使液面保持较小的表面积。针涂上蜡，是为了让水不容易浸润针的表面，这样液体表面在针的下面，靠着表面张力，针就被托住了，一旦液面跑到针上面，针就会下沉。

点评

液体的表面张力相关内容趣味性强，可以很好地激发孩子的学习兴趣。

知识拓展

草叶上的露珠为什么是球形？因为液体有表面张力。有一些小昆虫能够很轻松地在水面上落下、起飞，如履平地，也是靠表面张力的帮助。

实验四十五 硬币上的水球

（趣味指数 ★★★　安全指数 ★★★★★）

❓ 提出问题

梦琪对艺璇说："因为重力的作用，水总是往低处流，可是我能让水在高处不往下流。"她能做到吗？

猜想与假设

水是要向下流淌的，不向下流则一定有一种力量在阻止它。

设计并进行实验

实验材料

硬币、水、胶头滴管（毛笔）。

实验步骤

STEP 01 将硬币平放在桌面上。

STEP 02 滴管吸水后，向硬币表面滴水，注意滴管口不要离硬币太远。

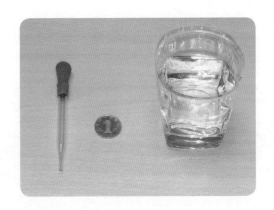

STEP 03 随着水的增多，水会在硬币上鼓起一个类似小水球的形状而不会流下来。

实验原理分析与论证

　　硬币上的水虽然满了，但由于水的表面张力作用，水被张力束缚着形成了类似水球的形状，但是这个束缚是有一定限度的，如果超过这个限度，水就会从硬币上流下来。

知识拓展

　　爱因斯坦（1879年3月14日—1955年4月18日），著名物理学家，成功解释了光电效应，获得诺贝尔物理学奖。他创立了狭义相对论和广义相对论，他所提出的质能方程，为人类开发和利用核能奠定了理论基础，开创了现代科学技术新纪元。

实验四十六　水满难溢

（趣味指数★★★　安全指数★★★★）

提出问题

杯中水满了，还能放进东西吗？

设计并进行实验

实验材料

玻璃杯、水、一盒回形针。

实验步骤

STEP 01 在杯里加满水，使水面与杯沿平齐。

STEP 02 慢慢向杯中放回形针，一个接一个，可以看到放了几个回形针后，水并没有溢出。

STEP 03 从侧面仔细观察，发现水面已经凸起，形成了一个"小水丘"。

实验原理分析与论证

随着放入回形针数量增多，回形针占据杯中的空间越来越多，水面超出了杯沿，但是由于水表面张力的作用，水并没有流出来，因此凸出了杯口。

点评

本实验涉及液体的表面张力知识点，实验有助于培养孩子的观察力和思考力。

知识拓展

萤火虫会发光，假如它飞到枯草丛或者其他易燃物里面，是不是会造成火灾？这样萤火虫是不是就成了"纵火犯"？事实并非如此。有人捉了萤火虫，测量它发光处的温度，发现并不高。实际上，萤火虫发出的是"冷光"，有特殊的发光机理，消耗的是体内的三磷酸腺苷的能量。人们仿照它发光的机理，发明了不产生热量的矿井照明灯和水下照明灯。

实验四十七 ▶ 细线被谁拉紧了

（趣味指数 ★ ★ ★ ★ ★　安全指数 ★ ★ ★ ★ ★）

？提出问题

梦琪和艺璇对液体表面张力仍有疑惑：表面张力是一种力，怎样才能更直观地看出来呢？

猜想与假设

力的作用效果是能改变物体形状的，也能使物体运动状态改变。

设计并进行实验

实验材料

铁丝、棉线、肥皂水、钳子。

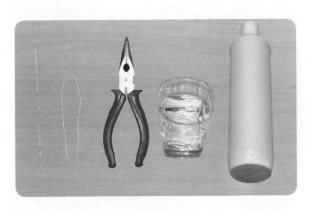

实验步骤

STEP01 用钳子把铁丝弯成一个环，用棉线系在环的两端，不要把棉线拉得过紧，使它略微松弛。

STEP02 将铁丝环和线浸入肥皂液，取出时环上就留下了一层肥皂液薄膜，这时薄膜上的线仍是松弛的。

STEP03 刺破细线一侧的薄膜，发现线被另一侧的薄膜拉弯了过去。

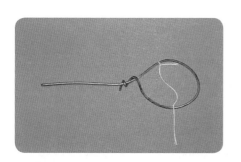

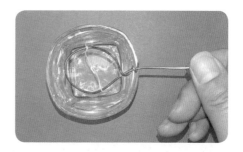

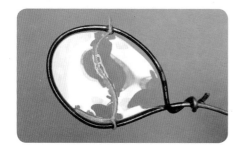

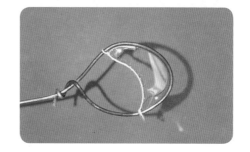

实验原理分析与论证

这是因为当只有一侧有液体时，原来的平衡被打破，由于表面张力的作用，液体把线拉了过去。借助于棉线，我们看到了表面张力的作用效果。

点评

引导孩子利用课余时间进行一些有趣的探究活动。

知识拓展

五颜六色的花你肯定见过很多，但是你见过黑色的花吗？恐怕没有，因为黑色的花很少。为什么呢？因为黑色可以吸收色光，致使花的表面温度很高，柔嫩的花瓣很容易受到高温的伤害，所以能生存下来的黑色花不多见。

实验四十八 给水流打结

（趣味指数 ★★★　安全指数 ★★★）

提出问题

曹老师提出要给水流打结，梦琪和艺璇很纳闷：水流又不是绳子，怎么打结？

设计并进行实验

实验材料

塑料瓶、水、锥子。

实验步骤

STEP 01 用锥子在瓶盖上并排扎几个直径

2毫米左右的小孔，小孔间相距约5毫米。在瓶底一侧扎一个孔。

STEP 02 用手指堵住瓶底一侧的孔，装上水，拧好盖子。

STEP 03 把瓶子倒立过来，松开堵孔的手指，会有几股水流从瓶盖的小孔流出。

STEP 04 用手轻轻从瓶盖的孔上滑过，观察水流，发现它们汇合成了一股水流。

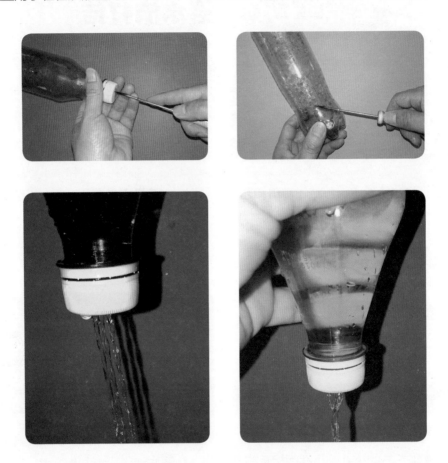

实验原理分析与论证

液体的表面张力有使水面缩小的特性，因此水流汇合在一起。

点评

引导孩子进行一些有趣的物理实验，通过物理实验理解物理概念。

知识拓展

　　你知道汽车的刹车灯为什么用红色吗？还有交通信号灯也是用红灯表示禁止通行，这里面有科学道理吗？在可见光中，红色光的波长（光具有波粒二象性，既有粒子性，又有波动性，是电磁波，有波长和频率）最长，因此绕过尘埃等小障碍物的本领最强，不容易被散射掉，在天气不良影响视野时，看起来最显眼，因此表示危险提醒人们注意时，就选用了红色。

实验四十九 ▸ 有魔力的手指

（趣味指数★★★★★　安全指数★★★★★）

提出问题

曹老师对艺璇和梦琪说他的手指有魔力，并向她们表演起来。

设计并进行实验

实验材料

盘子、水、黑胡椒粉、湿润的肥皂。

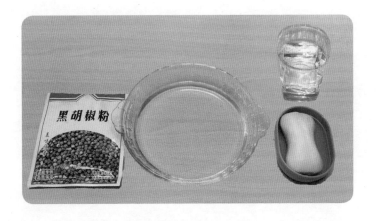

实验步骤

STEP 01 在盘子里盛上水，放在桌面上。

STEP 02 用手捏一点黑胡椒粉均匀撒在水面，只要撒
薄薄的一层即可。

STEP 03 观察水面的胡椒粉分布是否均匀，如果不均
匀进行调整。

STEP 04 用手指在肥皂上抹一下后，接触水面，并保持几秒，会看到胡椒粉像是被施加
了魔力，向四周快速散开。

实验原理分析与论证

肥皂水使水面中心的表面张力减小，于是水面中心的胡椒粉被周围的水面"拉"走。

点评

用有趣的实验，激发孩子对科学的兴趣。

知识拓展

　　雨天，汽车后视镜上的雨水太多，会影响司机观察路面，容易造成危险。

　　可以运用液体表面张力解决这个问题：将洗洁精挤在柔软的布上，擦拭后视镜，这样镜面就涂了一层洗洁精。雨水滴到镜面上，由于洗洁精减小了水的表面张力，雨水无法形成水珠附着在后视镜上，而是顺着镜片向下流，后视镜就可以保持清晰了。

第十一章
力学——惯性现象

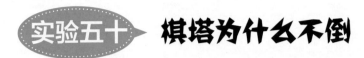

实验五十 ▶ 棋塔为什么不倒

（趣味指数 ★★★　安全指数 ★★★★★）

❓ 提出问题

梦琪和艺璇在玩棋子。梦琪："快来看，用棋子能做弹球实验。"她们是怎么做的，有什么道理呢？

设计并进行实验

实验材料

象棋子若干、塑料尺、相同的硬币若干、玻璃、钢尺。

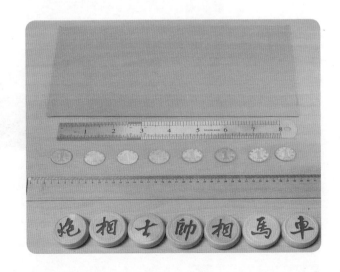

实验步骤

STEP01 将象棋子在平整的桌面叠放起来，
码成一个棋塔。

STEP02 用塑料尺迅速将最下面的一个棋子
向侧面打出，上面的棋塔不会倒，
而是垂直向下落一层。

STEP03 将玻璃板放在水平桌面上，把相同
的硬币叠成一摞。

STEP04 贴着玻璃板，用钢尺迅速打击最下
面的硬币，这摞硬币不会倒下来。

实验原理分析与论证

出现实验中的现象是因为物体具有惯性。惯性就是物体都具有要保持原来的运动
状态不变的性质。当最下面一个棋子被打出时，上面的棋子由于惯性还保持原来的运
动状态，也就是静止状态，因此落下来，并没有倒向一侧。

点评

用物体的惯性知识解释自然界和生活中的有关现象。

注意事项：

1.要用尺子无刻度一边打击，有刻度一边有斜角容易产生斜向的力，棋塔、硬币塔每次打击前要整理好。

2.打击时要用猛力，尺子要有较快的速度。

知识拓展

每一个力对应着两个物体，一个是施力物体，一个是受力物体。单独一个物体不能产生力的作用。

两个物体一定要接触才能产生力的作用吗？不一定！有的力需要两个物体相互接触才能产生，比如压力、摩擦力；有的力两个物体不接触也能产生，比如万有引力、磁场力等。

 **木块向哪个方向倒**

（趣味指数 ★ ★ ★　安全指数 ★ ★ ★ ★ ★）

？ 提出问题

站在公交车上，人常常会因为车的加速或刹车而东倒西歪，应该怎样解释这种现象呢？

猜想与假设

用到物体的惯性。

设计并进行实验

实验材料

两个木块。

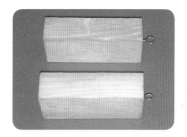

实验步骤

STEP 01 甲木块平放在桌面上，将乙木块立放在甲木块上。

STEP 02 用手猛拉动甲木块向前运动，发现乙木块向后方倒。

STEP 03 将木块放好，使甲乙两木块快速向前运动。突然使甲木块停止或减速，发现乙木块向前倒去。

实验原理分析与论证

甲木块快速向前运动，由于摩擦带动乙木块的下部也向前运动，但乙木块的上部由于惯性仍保持原来的静止状态，因此向后倒。

同样，乙木块随甲木块一起快速运动时，甲木块突然停止，乙木块的下部受到摩擦力的作用而停止，但由于惯性上部仍向前运动，于是向前倾倒。

点评

实验体现物理与生活的紧密联系，物理知识从生活中来、到生活中去。

知识拓展

生活中有很多惯性现象。比如百米赛到终点后，选手不可能一下停下来，还会向前跑一段距离；跳高运动员要想越过横杆，需要助跑等。

实验五十二 ▶ 哪根细线先断

（趣味指数★★★★　安全指数★★★★）

❓ 提出问题

下面这个实验可能会让你感到很惊奇，你能把其中的道理解释通吗？

猜想与假设

惯性在里面起作用。

设计并进行实验

实验材料

细线、石头。

实验步骤

STEP01 将细线的一端固定在高处。

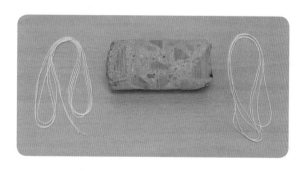

STEP02 在细线中间绑上一块石头，注意使石头与固定点之间有一段距离。

STEP 03 将捆绑后多余的细线垂落下来。

STEP 04 将垂落的细线抓在手中，猛用大力向下拉拽，发现吊石头的细线没有断，下面的细线却被拉断了。

STEP 05 如果不是猛用力而是缓慢向下拉，哪段细线先断呢？多试几次思考其中的道理。

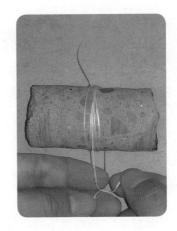

实验原理分析与论证

石头具有较大的惯性，在拉动下面细线的瞬间，石头由于惯性仍要保持静止状态，与上面悬挂的细线之间并没有产生较大的拉力，所以没有断，而是下面的细线先被拉断了。如果缓慢拉动，石块在这段时间内会向下运动，对上面的细线产生更大的拉力，因此上面的细线会先断。

点评

实验加深孩子对物体具有惯性的理解，培养科学态度和科学探究精神。

知识拓展

与本实验的道理类似，假如一辆汽车出现故障熄火了，需要另一辆汽车来拉动，两辆车用绳子相连，前面的车一定要缓慢开动，使绳子慢慢拉紧才可以拖动后车；如果前车一开始就以一个较大的速度向前拉绳子，在用力的瞬间，后车由于惯性并未向前运动，绳子上会产生很大的力，很容易把绳子拉断。

实验五十三 水向哪个方向流

（趣味指数 ★ ★ ★　安全指数 ★ ★ ★ ★）

提出问题

　　梦琪和艺璇已经了解到固体具有惯性，那么，液体有没有惯性呢？能不能设计一个实验说明一下？

设计并进行实验

实验材料

一次性纸杯（或塑料杯）、剪刀、水。

实验步骤

STEP01 用剪刀将纸杯杯沿剪出两个相对的豁口，注意要将豁口剪得一样深。

STEP02 杯中盛满水，此时水只能装到豁口处。

STEP03 端起水杯，使两个豁口的方向与自己要运动的方向一致，突然向前迈步行走，发现水从后面的豁口流出。

STEP 04 再次装满水，缓慢行走，逐渐加速，使水和身体具有向前的速度。突然停止运动，发现水从前面豁口流出。

实验原理分析与论证

水从后面的豁口流出，说明静止的水具有惯性；水从前面的豁口流出，说明运动的水也具有惯性。

点评

通过实验，孩子认识牛顿第一定律、认识惯性，并能解释生活中的惯性现象。

知识拓展

牛顿第一定律：一切物体在没有受到力的作用时，总保持静止状态或匀速直线运动状态。牛顿第一定律揭示了惯性的存在，又叫作惯性定律。

实验五十四 ▶ 会翻跟斗的胶囊

（趣味指数 ★★★★★　安全指数 ★★★★★）

 **提出问题**

曹老师用小胶囊做了一个有趣的小玩具，你能说出其中的道理吗？

设计并进行实验

实验材料

小钢珠、透明胶囊、木板、毛巾。

实验步骤

STEP 01 将小钢珠装进胶囊里，注意要使小
钢珠能够在胶囊中自由滚动。

STEP 02 用木板搭起斜面，将毛巾铺在斜
面上。

STEP 03 将胶囊放在毛巾上，注意要竖放不
要横放。

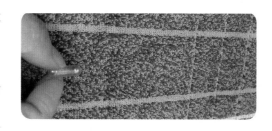

STEP 04 放开胶囊，此时会发现胶囊会向下
翻跟斗。

实验原理分析与论证

钢珠在胶囊中滚到胶囊底部时，胶囊的重心集中在底部，由于惯性，钢珠有一速度，
会撞击胶囊壁使之翻转，不断重复这个过程，就会出现胶囊"翻跟斗"现象。

点评

培养孩子的科学态度和科学精神。

注意事项：

实验效果如果不理想，要检查钢球能否在胶囊中自由滚动，同时调整
斜面的角度。

知识拓展

　　乘坐小汽车一定要系好安全带。这是为了防止惯性给人带来危害。当车高速行驶时，人与车一样具有了较高的运动速度。如果遇到紧急刹车或发生碰撞，由于惯性，人还要保持原来的运动速度向前，如果没有安全带把人固定住，人会撞向前面，会造成巨大伤害。

 **分辨生熟鸡蛋**

（趣味指数 ★ ★ ★　安全指数 ★ ★ ★ ★ ★）

? 提出问题

曹老师给了梦琪和艺璇出了一个难题：有两个鸡蛋，冷热一样，不能打开，如何分辨哪一个是熟的哪一个是生的？

设计并进行实验

实验材料

熟鸡蛋、生鸡蛋。

实验步骤

分别把鸡蛋旋转起来，观察一下，能旋转较长时间的是熟鸡蛋，旋转时间较短的是生鸡蛋。

实验原理分析与论证

熟鸡蛋能旋转较长时间，是因为熟鸡蛋内部已经是固体，与外壳结合成一个紧密的实体，获得一个转动速度后，由于惯性还会继续转动一段时间。而生鸡蛋内部是液体，液体与外壳之间不能结合为一个整体，外壳在转动，内部的液体并不能很好地随着旋转，而且内部的黏滞力阻碍了外壳的转动，因此生鸡蛋不容易长时间转动。

点评

实验与生活相联系，增加知识的趣味性。

知识拓展

在航天器加速上升离开地球时，航天员的身体会被紧紧压在地板上，假如他们的身体下有体重计的话，示数会变得很大，远远超出其正常体重，这种现象叫作超重。

自制惯性演示器

（趣味指数 ★ ★ ★ ★ ★　安全指数 ★ ★ ★ ★）

 **提出问题**

曹老师带领小姐妹制造了一个能演示物体有惯性的装置，看一看他们是怎么做的。

设计并进行实验

实验材料

矿泉水瓶、锥子、剪刀、硬塑料片、透明胶带、钢球、钢尺、水。

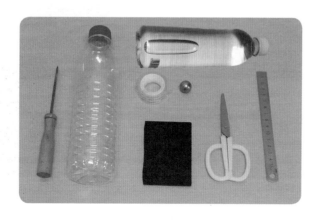

实验步骤

STEP01 矿泉水瓶去盖，把钢尺用透明胶带固定在瓶子一侧，注意钢尺要比瓶口长出一些。

STEP02 把矿泉水瓶放在水平桌面上，把塑料片剪成方形，盖到瓶口。

STEP03 在矿泉水瓶口正中央塑料片上，用锥子扎一个孔。

STEP04 在矿泉水瓶里装上大半瓶水，盖上塑料片，把钢球放在塑料片小孔处。

STEP05 从侧面观察钢球的位置是否在瓶口中央，如果不是，要调整塑料片使钢球处在瓶口中央。

STEP06 一手扶住瓶子上部，一手将钢尺拉开，松手后钢尺把塑料片弹开。

STEP07 观察小球，是随塑料片弹走，还是落入瓶中？很显然，钢球落入瓶中。

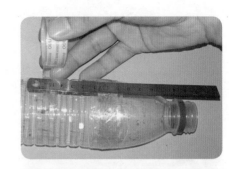

实验原理分析与论证

钢球静止在塑料片上，塑料片迅速被弹走，由于钢球具有惯性，会保持原来静止状态，因此在失去支撑物后，落入瓶中。

点评

本实验涉及惯性的知识。

注意事项：

1. 在塑料片扎孔的目的是使钢球更容易放住，否则钢球会滚动。

2. 瓶中装水的目的是增大装置的稳定性。在拉开钢尺时，手扶住瓶身保持装置稳定，否则很容易失败。

知识拓展

牛顿（1643年1月4日—1727年3月31日），英国著名科学家，提出了著名的运动学三大定律、万有引力定律，被誉为"经典力学之父"，他在光学、天文学、数学等很多领域都有突出贡献，著有《自然哲学的数学原理》《光学》。

第十二章
力学——压力和压强

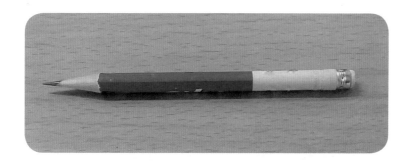

实验五十七 秘密纸条

（趣味指数★★★★　安全指数★★★★★）

提出问题

曹老师教梦琪和艺璇一种写秘密信件的方法，你也学一学吧！

设计并进行实验

实验材料

纸、签字笔、水。

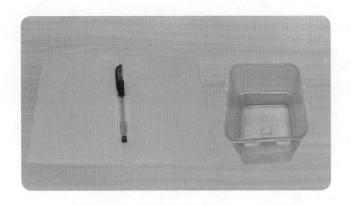

实验步骤

STEP 01 把一张纸放到水面浸湿，拿出来略微晾一会儿，去除过多的水分，然后铺到光滑的桌面上。

STEP 02 把另一张纸盖在湿纸上，用签字笔在上面写一行字。

STEP 03 把下面的纸拿起来晾干，上面什么字也看不出来。

STEP 04 只要把这张纸放在水面上或者在纸上洒水，字迹就显露出来了。

实验原理分析与论证

签字笔尖划过湿纸，湿纸的纤维被压缩了，湿纸具有塑性，形变后不能恢复，纸干燥后，字迹看不出来，但弄湿后，与周围未被压缩的纤维透光情况不同，因此现出字迹。

点评

了解弹力、摩擦力等，认识力的作用效果。

知识拓展

弹性与塑性。力有一个重要的效果，就是使物体的形状发生改变，简称"形变"。形变有两种：一种如弹簧被拉长，拉力一旦撤去，形状马上恢复，我们就说弹簧具有弹性，所发生的形变叫作弹性形变，弹性形变的物体产生弹力；另一种如橡皮泥，给一个压力，发生了形变，撤去外力，形变不能恢复，我们就说橡皮泥具有塑性。

实验五十八 ▸ 铅笔上的压强

（趣味指数★★★　安全指数★★★★）

提出问题

看似很难的物理知识，用半支铅笔就能讲明白，但要认真思考。想一想下面这个小实验包含了什么物理知识呢？

设计并进行实验

实验材料

削好的铅笔。

实验步骤

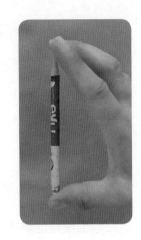

STEP 01 把铅笔捏在拇指和中指之间，稍微用力，会感觉铅笔尖接触的手指传来疼痛，而另一个手指却没有任何疼痛的感觉。

STEP 02 仔细观察一下，哪一端陷入手指更深一些？两个手指受到的压力是相同的，为什么会有不同的效果？

实验原理分析与论证

两根手指捏铅笔时，给予铅笔两端的力是相等的，根据力的作用是相互的，铅笔给两个手指的压力也是相等的。压力相等，但效果却不同，笔尖一端的手指感到了疼痛，笔尖陷得更深，这是因为受力面积小。说明压力相等时，压力的作用效果还与受力面积有关。物理学引入压强来描述压力的作用效果。

点评

本实验涉及的知识点：压力、压强，影响压强大小的两个因素；通过实验，理解压强和压力的区别。

注意事项：

笔不要太尖，以免戳伤手指。

知识拓展

帕斯卡（1623 年 6 月 19 日—1662 年 8 月 19 日），法国著名物理学家和数学家，他在 16 岁时就提出了著名的帕斯卡定律。1648 年帕斯卡通过实验，发现了随着高度降低，大气压强增大的规律。

 瓶子上下颠倒演示压强

（ 趣味指数 ★ ★ ★   安全指数 ★ ★ ★ ★ ★ ）

提出问题

曹老师用一个啤酒瓶，讲解影响压强的因素，梦琪和艺璇都听懂了，你来试一试吧。

设计并进行实验

实验材料

空啤酒瓶、海绵、水。

实验步骤

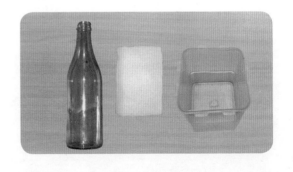

STEP 01 将海绵放在桌面上，将空啤酒瓶竖放在上面，观察海绵下陷程度。

STEP 02 将空啤酒瓶装满水，再次放到海绵上，观察海绵下陷程度，显然这一次要深很多。

STEP 03 将啤酒瓶里的水倒空，瓶口向下倒立放在海绵上，观察海绵下陷程度，很明显这次要比空瓶正立下陷程度大一些。

实验原理分析与论证

步骤 1 和 2 对比，说明在受力面积一定的情况下，压力越大，压强越大。压强的大小表现为海绵下陷的程度。步骤 1 和 3 对比，表明在压力一定的情况下，受力面积越小，压强越大。

点评

化繁为简，通过简单的生活用品，明显的实验效果，让孩子体会物理与生活的联系。

知识拓展

　　生活中增大压强的实例。与压强大小相关的两个因素：压力和受力面积。要增大压强，需要增大压力或者减小受力面积。比如要把木桩插入地下，用大锤往下砸，于是木桩陷得越来越深，这是用增大压力的方法增大压强；菜刀用久了会钝，需要磨一磨，这是利用减小受力面积的方法增大压强。

实验六十 攥不破的鸡蛋

（趣味指数 ★★★★　安全指数 ★★★★★）

？ 提出问题

　　曹老师带领梦琪和艺璇做起了小游戏。鸡蛋壳本身很脆弱，可是，梦琪和艺璇很难攥破，这是为什么？

猜想与假设

　　压力虽然很大，但是压强并不大。

设计并进行实验

实验材料

若干生鸡蛋、一个碗。

实验步骤

STEP01 将几枚生鸡蛋洗净擦干，仔细检查鸡蛋，外壳不能有任何裂纹和小孔。

STEP 02 一手拿一枚鸡蛋放在碗里，另一手攥拳
用力敲击蛋壳，很容易把鸡蛋打破。

STEP 03 再拿一枚鸡蛋，将鸡蛋放在掌心，手指
相握，用手掌攥鸡蛋，发现不容易把鸡
蛋攥破。

实验原理分析与论证

上述现象有两方面原因：一是手掌与鸡蛋的接触面积大，降低了力的作用效果，也就是减小了压强；二是生鸡蛋里面是液体，液体可以把受到的压强向各个方向传递，因此内部液体对蛋壳的压强作用在整个蛋壳上，极大减小了压强，所以蛋壳不容易破。

点评

通过实验，孩子体会通过增大受力面积可以减小压强的道理。

注意事项：

1.如果实验不成功，有可能是因为蛋壳有破损，或者这个蛋壳恰巧太薄了。

2.打碎的鸡蛋不要浪费。

知识拓展

生活中减小压强的实例。坦克为什么要用履带行进？这是因为履带增加了受力面积，减小了压强，不容易陷进泥土路面；火车钢轨为什么要铺枕木，这是因为火车非常重，对路基的压力很大，铺上枕木，增大受力面积，大大减小了压强。

第十三章
力学——液体的压强

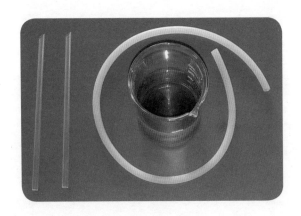

实验六十一  水流为什么不同

（趣味指数 ★★★　安全指数 ★★★）

？ 提出问题

梦琪和艺璇了解了固体压强的原理，不禁对液体是否产生压强感到好奇。

猜想与假设

液体也不例外，存在液体压强，液体压强有它独特的规律。

设计并进行实验

实验材料

透明胶带、矿泉水瓶、锥子、水。

实验步骤

STEP 01 用锥子在矿泉水瓶底部的侧面，扎三个或四个孔，使其大致在一条竖直直线上，把瓶盖去掉。

STEP 02 用透明胶带把几个孔粘住，最好不要粘死，方便后面揭去。

STEP 03 在瓶中装满水揭去小孔上的透明胶带，观察发现小孔中有水流喷出，越在下面
的小孔水流越急，喷水的水平距离越远。

STEP 04 换一个瓶子，在瓶身同一高度扎三个孔，
重做这个实验，观察水的喷射距离，你
能得出什么结论？

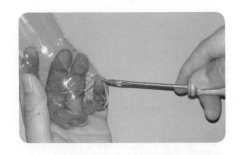

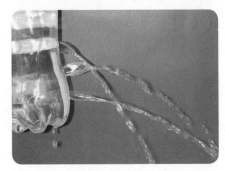

实验原理分析与论证

　　液体对容器的底部和侧壁都有压强，压强随着液体深度的增加而增大。液体内部
也有压强，也是随着液体深度的增加而增大。在实验中，瓶子最下面的孔，水最深，
压强最大，水流速最快，因此喷射距离最远；最上面的小孔，压强最小，水流速度最小，
喷射距离最近。而同一高度开口处压强相等，水流速度相同，水流的喷射距离也相同。

点评

实验涉及的知识点是液体压强的规律，通过实验，探究并了解液体压强与深度有关。

知识拓展

你知道大坝为什么要修成上窄下宽、上细下粗的形状吗？这是符合液体压强规律的，随着水深度的增加，压强逐渐增大，所以越往下，需要承受的液体压强就越大，大坝必须要厚重牢固，这样才不容易发生危险。

 液体内部压强

（趣味指数 ★★★　安全指数 ★★★★）

提出问题

梦琪和艺璇对液体内部的压强感到好奇，你好奇吗？那就做一做这个小实验吧。

猜想与假设

液体内部也存在压强。

设计并进行实验

实验材料

透明容器、玻璃瓶、气球、橡皮筋、水、剪刀。

实验步骤

STEP 01 将透明容器装上水，不要装太满。

STEP 02 剪一片大小合适的气球皮，用橡皮筋在玻璃瓶口扎紧。可以观察

到气球皮在瓶口是平的。

STEP 03 将玻璃瓶的瓶口向上压入水中,观察到气球皮向瓶内凹陷,说明水给气球皮向下的压强。

STEP 04 将玻璃瓶从水中拿出,将瓶口朝下压入水中,观察气球皮依然向内凹陷,说明水对气球皮有向上的压强。

STEP 05 把玻璃瓶侧过来,也能观察到气球皮凹陷,说明气球皮受到压强。将瓶口向着水中各个方向,观察气球皮,发现气球皮在液体中有不同程度的凹陷。

实验原理分析与论证

实验充分说明了液体内部存在压强，而且在各个方向都有压强，液体压强随深度的增加而增大。

点评

通过实验，探究并了解液体内部压强的规律。

知识拓展

深水鱼无法养在家中的鱼缸，因为它不适应低压。潜水员在潜水时，如果达到了一定深度，身体会受不了巨大的压强，只能穿上特制的潜水服。潜水艇在水中达到一定深度也会出危险，因此潜水艇能下潜的深度，也反映一个国家的科技实力。

实验六十三 **自制喷泉**

（趣味指数 ★ ★ ★ ★　安全指数 ★ ★ ★）

？ 提出问题

小区里建造了一个喷泉，梦琪和艺璇玩得可高兴了。回来后曹老师教她们自己制作小喷泉，来看看这个小喷泉是怎么做的。

猜想与假设

与液体压强有关。

设计并进行实验

实验材料

两个塑料瓶、一根橡胶管、两根短玻璃管（或塑料管）、水、锥子、夹子、火柴、蜡烛、剪刀。

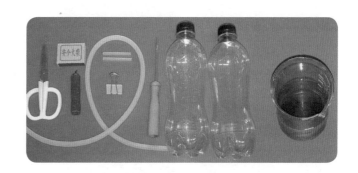

实验步骤

STEP 01 将两个塑料瓶去掉底，用钉子在两个瓶盖上各扎一个孔。

STEP 02 分别把两根短玻璃管插进两个瓶盖，外面露出来的部分用橡胶管套上连接好。

STEP 03 用蜡烛油在小孔和玻璃管结合处密封一下。

STEP 04 将一个瓶子放在高处，另一个放在低处，用夹子把橡皮管夹住。

STEP 05 将高处的瓶子注满水。打开夹子，可以看到水从低处的瓶子里喷出形成了喷泉。

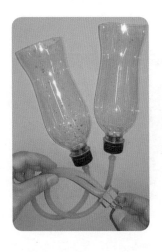

实验原理分析与论证

高处的水具有较大的压强，把水压到低处，而水在喷出时又有一个速度，因此形成喷泉。

点评

进行小制作，锻炼孩子的动手操作能力，激发孩子学习物理的兴趣。

注意事项：

扎孔、插玻璃管时要戴上手套，点燃蜡烛、滴蜡烛油进行密封时，注意安全，最好找家长帮忙。

知识拓展

液体对容器底部有压强是因为液体受到重力作用，要向下运动却受到底部的阻挡，因此有挤压的作用而产生压力，作用在容器底部，产生压强；液体对容器的侧壁产生压强是因为液体具有流动性，要向四周流动但受到侧壁的阻挡，形成挤压，产生压力，压力作用在侧壁上，产生压强。

实验六十四 ▶ 自制连通器

（趣味指数 ★★★　安全指数 ★★★★★）

？ 提出问题

梦琪问，液体压强的知识在生活中有什么应用？曹老师给她们制作了个最简单的连通器，这个连通器有什么特点呢？

猜想与假设

顾名思义，连通器应该是一种容器，原理应该是液体压强的规律。

设计并进行实验

实验材料

两根透明塑料管（或玻璃管）、一根橡胶管、水。

实验步骤

STEP 01 将两根塑料管分别插入橡胶软管两头。

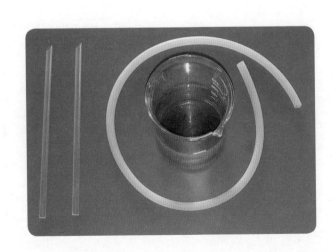

STEP 02 将两根塑料管竖起，从一端加入水至橡胶管中，此时，一个简单的连通器就制作好了。将一端举高或降低，观察两根塑料管中水面高低变化情况。

STEP 03 观察发现，静止时，两根塑料管水面总是保持相平。

STEP 04 将装置与桌面比一比，调整塑料管的高低，使左边塑料管中的水面恰好与桌面一侧平齐，将另一根塑料管靠近另一侧桌面，观察桌面是不是与水面平齐。如果都平齐，说明桌面是水平的，如果不平齐，说明桌面有斜度。

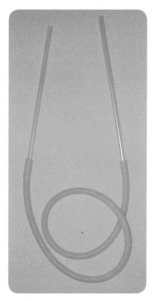

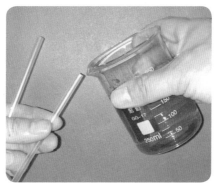

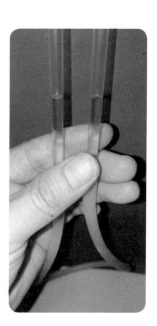

实验原理分析与论证

连通器就是指顶端开口，底部相连通的容器。它的特点是：如果里面盛的是同种液体，当液体停止流动时（静止时），各个容器里面的液面处于同一水平面。这是由液体压强的特点决定的，液体压强的大小与液体密度和深度有关，同种液体，密度相同，液体压强大小只决定于深度，只有两边深度相同，液体才会停止流动。

点评

培养孩子的科学态度和科学精神。

知识拓展

瓦特（1736年1月19日—1819年8月25日），英国著名发明家，他制造出了第一台具有实用价值的蒸汽机，使人类进入了蒸汽时代，极大促进了社会生产力。为了纪念他，物理学中将"瓦特"作为功率的单位，简称瓦，符号W。

第十四章
力学——大气压强

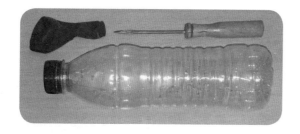

实验六十五 ▶ 吹不起来的气球

（趣味指数 ★★★　安全指数 ★★★★★）

？ 提出问题

梦琪过生日，艺璇买了很多小气球，两人吹起很多气球，还比赛谁吹得大。曹老师用气球做了很多实验，姐妹俩学了好多知识。先来看"吹不起来的气球"为什么吹不起来？

设计并进行实验

实验材料

矿泉水瓶、气球。

实验步骤

STEP 01 在空气中吹气球，气球很快胀大了。

STEP 02 将气球撒气后，球囊部分放入瓶中，把气球的口翻到瓶子口上，向气球里面吹气，任你用多大的力，气球都胀不大了。

实验原理分析与论证

气球与瓶子之间封闭了空气，气球要膨胀，必然要占据更多的空间，可周围封闭的空气无法给它更多空间，因此我们是吹不大气球的。

点评

通过明显的效果，揭示大气压强的存在，培养孩子思维能力。

知识拓展

托里拆利（1608 年 10 月 15 日—1647 年 10 月 25 日），意大利物理学家、数学家。他的主要成是利用水银测出了大气压的数值——等于 76 厘米高水银柱产生的压强，这就是非常有名的托里拆利实验。他还提出了托里拆利定律，发明了水银气压计等。

实验六十六 ▶ 开口却不撒气的气球

（趣味指数 ★★★★★　安全指数 ★★★★）

提出问题

你见过开口不撒气的气球么？梦琪和艺璇都感到不可思议。怎么做？有什么道理？

猜想与假设

与大气压强有关。

设计并进行实验

实验材料

矿泉水瓶、小气球、锥子。

实验步骤

STEP 01 用锥子在矿泉水瓶底部扎一个孔，把小气球塞进瓶中，将气球口翻过来固定到瓶口上。

STEP 02 向气球吹气，气球不断膨胀，把瓶里的空气通过底部的小孔排出一些。

STEP 03 用手指堵住小孔，停止吹气，发现尽管气球开着口，但仍保持膨胀状态，并没有瘪。

实验原理分析与论证

由于瓶底扎了小孔，瓶体内的空气不再是密闭的。随着气球的膨胀，瓶子里的空气就从小孔里跑掉了，让出了空间，气球就膨胀起来了。气球膨胀起来后，用手指头堵住小孔，外面的空气无法进入瓶子，气球内部气压大，会使气球保持膨胀状态，无法缩回去。

点评

实验用到的知识是大气压强，用有趣的实验激发孩子学习兴趣。

注意事项：

实验要用轻质气球，如果球皮较厚，瓶子会被大气压强压瘪。

知识拓展

标准大气压：

人们把恰好能支持76厘米高水银柱的压强称作一个标准大气压。大气压在地球是变化的：随着海拔高度的增加而减小。测量气压的仪器叫作气压计，一种是水银气压计，另一种是无液气压计。由于气压和海拔高度有一定的对应关系，因此无液气压计可以制作成高度计。

（趣味指数★★★★　安全指数★★★★★）

提出问题

梦琪和艺璇在做科学书上的一个小实验，曹老师对这个实验又进行了改进。原理是什么呢？

设计并进行实验

实验材料

纸片、乒乓球、玻璃瓶、水。

实验步骤

STEP 01 将玻璃瓶装满水，用纸片轻轻盖住瓶口。用手按着纸片迅速把瓶子反转过来，拿开手，水并没有洒落下来，纸片把一瓶水托住了。

STEP 02 用手指轻轻揭开纸片一条缝，在缝隙处，一串串气泡在水中升起，你知道是谁在支撑着纸片和水了吗？

STEP 03 用一个乒乓球代替纸片堵住瓶口然后翻转，乒乓球不会掉下来。

实验原理分析与论证

大气压强作用在纸上，产生的压力把水托住了。纸片开一条缝，可以看到气泡往瓶子里面钻，说明刚才的确是大气通过纸片托着一满瓶水。用乒乓球堵住瓶口，效果更明显。

点评

用有趣的实验激发孩子对物理的兴趣。

知识拓展

大气压强这么大为什么没有把人压扁?

我们生活大约是一个标准大气压的环境,相当于十万牛顿的压力作用在一平方米的面积上,这么大的压力为什么没有把人压扁呢?原因是人体内部也有很高的压强,适应环境,内外相抵消,我们就感觉不到外面的大气压强了。

实验六十八 热水小喷泉

（趣味指数★★★★★ 安全指数★★★）

提出问题

曹老师给姐妹俩做了一个有趣的"小喷泉"，让她们回答里面所含的道理，快来看一看你能回答吗？

设计并进行实验

实验材料

玻璃瓶、橡胶塞、玻璃管（或者硬塑料管）、水、墨水、开水、烧杯。

实验步骤

STEP 01 在橡胶塞中间打一个孔。把玻璃管从橡胶塞中间的孔穿过，玻璃管与橡胶塞要结合紧密。

STEP 02 把橡胶塞塞进瓶口，调整玻璃管的高度，使之接近瓶底。

STEP 03 打开橡胶塞，向瓶里加入约三分之一的水，滴入墨水，然后再塞紧橡胶塞，摇匀。

STEP 04 把玻璃瓶放在烧杯中，向玻璃瓶上浇开水，观察玻璃管，发现很快水从管中上升，然后喷涌而出。

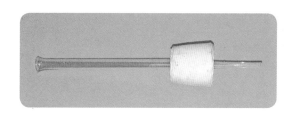

实验原理分析与论证

由于玻璃管插入水里，玻璃瓶中的空气实际上是被密闭起来，当周围倒上开水后，空气受热膨胀，使水面气压增大，因此会将瓶中的水从玻璃管中压出。

点评

　　本实验涉及大气压强、热传递、热胀冷缩等知识点，培养孩子的思维能力，锻炼他们将知识应用于生活实际的能力。

注意事项：

　　实验中有打孔、用到热水等，都要注意安全，防止受伤。

知识拓展

　　薛定谔（1887年8月12日—1961年1月4日），奥地利物理学家，量子力学奠基人之一。他在德布罗意物质波理论的基础上，建立了波动力学。由他所建立的薛定谔方程是量子力学中描述微观粒子运动状态的基本定律，在量子力学中的地位相似于牛顿运动定律在经典力学中的地位。他和狄拉克共获1933年诺贝尔物理学奖，又于1937年荣获马克斯·普朗克奖章。

实验六十九 ▶ 瓶吞鸡蛋

（趣味指数 ★★★★★　安全指数 ★★★）

？ 提出问题

艺璇："瓶子会吞鸡蛋，它饿了吗？"这是怎么回事？有什么科学道理？

猜想与假设

是大气压强在起作用。

设计并进行实验

实验材料

玻璃瓶（瓶口比鸡蛋略小）、熟鸡蛋、火柴、纸片。

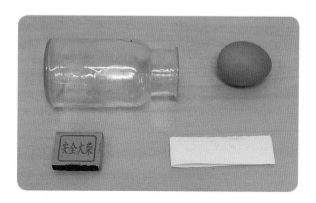

实验步骤

STEP 01 把鸡蛋剥了外壳，放在玻璃瓶口，发现鸡蛋被卡在瓶口。

STEP 02 拿开鸡蛋，点燃纸片放入玻璃瓶，直至火焰熄灭。

STEP 03 将鸡蛋重新放到瓶口，一边等待一边观察，鸡蛋会慢慢进入瓶中。

实验原理分析与论证

　　纸片在瓶中燃烧，使瓶内空气变热，气体膨胀。将剥了壳的鸡蛋放到瓶口，在重力作用下，鸡蛋把瓶口封闭，于是瓶中的气体成为密闭气体。随着温度下降，密闭的气体收缩，气压逐渐减小，比起瓶外的大气压强要小，在这个压强差的作用下，鸡蛋被推进瓶子。

点评

大气压强的趣味实验，有利于激发孩子的学习兴趣。

注意事项：

注意用火安全。

知识拓展

马德堡半球实验：

它是科学史上揭示大气压强存在的实验。1654 年，为了让市民知道大气压强的存在，在马德堡市的广场上，市长为大众做了一个实验。他把直径 30 厘米的两个铜半球合在一起，用抽气机把里面的空气抽走，关闭阀门，两个半球被紧紧压在一起，任人们怎么用力也拉不开。最后用了 16 匹马分作两队向相反方向拉才把这两个半球分开，并且发出巨大的响声。这让人们惊叹不已，感受到了大气压强的力量。

实验七十 ➤ 易拉罐吸水

（趣味指数 ★★★★★　安全指数 ★★★）

提出问题

这是一个神奇的实验，易拉罐自己会吸水，看看是怎么回事，有什么科学道理？

猜想与假设

与大气压强有关。

设计并进行实验

实验材料

空易拉罐、盘子、开水、常温水、毛巾。

实验步骤

STEP 01 将盘子放在桌面，盛上一盘常温水待用。

STEP 02 在易拉罐里面小心倒入开水。

STEP 03 用毛巾将易拉罐拿起，摇晃，把开水倒掉。这时易拉罐是热的，将易拉罐开口朝下，放入盘子，用毛巾按着，如果它能稳稳立住，就把手拿开。

STEP 04 注意观察，盘中的水面在下降，也就是说易拉罐在自动吸水。

STEP 05 把易拉罐从盘子里提起来，会发现很多水从易拉罐里面流出来。

实验原理分析与论证

盛过开水后的易拉罐里面是热空气，倒插入常温水中，随着温度降低，里面封闭的气体压强减小，外面的大气压强会把盘子中的水压进罐体，这就是易拉罐吸水的原因。

点评

培养科学探究能力，让孩子体验科学探究的乐趣。

注意事项：

实验中用到开水，小心烫伤。

趣味物理小问答

问：物体总是热胀冷缩吗？

答：不是，水就有反常膨胀现象。水在0℃~4℃时，是热缩冷胀，即温度越高，体积越小；在4℃~100℃时，是热胀冷缩。

实验七十一 ➤ **吹气喷泉**

（趣味指数 ★★★★★　　安全指数 ★★★）

曹老师给梦琪和艺璇做了浇热水的小喷泉后，又做了一个吹气小喷泉，来看一看是什么原理？

设计并进行实验

实验材料

塑料瓶、水、锥子、剪刀、直吸管、可打弯的吸管。

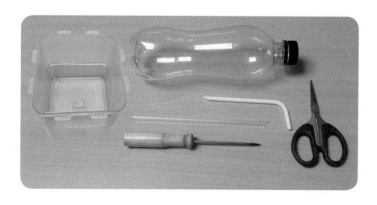

实验步骤

STEP 01 在塑料瓶里装上大半瓶水待用。

STEP 02 用锥子在瓶盖上扎两个孔，孔的大小能插入吸管并且没有空隙。

STEP 03 将两根吸管塞进孔中，直的吸管在瓶外露出 2 厘米即可，弯的吸管塞进去一点即可。

STEP 04 拧紧瓶盖，直吸管插入水中，弯吸管在水面上，把瓶子放到容器中，以免瓶中水喷出来时弄湿桌面。

STEP 05 用嘴巴含住弯的吸管，向瓶中吹气，从直吸管中就会冒出水来形成一个小喷泉。

实验原理分析与论证

向瓶内吹气，瓶中气压增大，将里面的水通过直管压出来。

点评

实验涉及的知识点是大气压强，用小实验和小制作来提高孩子的学习兴趣。

注意事项：

使用锥子扎孔注意不要受伤。

知识拓展

在玻璃的运输中，先在玻璃洒上水，使数块黏合在一起（靠大气压强的帮忙），然后装箱，这样可以更好地保护玻璃。

实验七十二 ▷ 一口气的力量

（趣味指数 ★★★★★　安全指数 ★★★★★）

？ 提出问题

曹老师让梦琪和艺璇见识了一口气的力量，让两位小朋友目瞪口呆。快来看一看，你能解释其中的道理吗？

猜想与假设

大气压强的力量。

设计并进行实验

实验材料

纸质档案袋、书、字典、透明胶带、吸管。

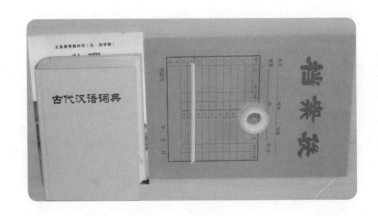

实验步骤

STEP 01 用透明胶带将档案袋口封起来，只留一个小孔可以插进吸管。

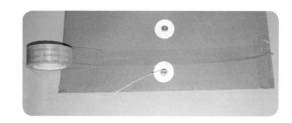

STEP 02 将档案袋放在桌面边缘，封口露出桌面一小段即可。

STEP 03 在档案袋上平放一本普通的书，在书上竖着放字典。这样，纸袋上书的重量就很大了。

STEP 04 把吸管插入小孔，小孔周围用手捏紧不要漏气，深吸一口气，向档案袋里面吹。

STEP 05 你会发现袋子马上拱了起来，把上面的字典掀翻了。

实验原理分析与论证

实验主要是让孩子了解大气压强的力量是很大的。我们所处的环境大约是一个标准大气压，相当于在每平方米的面积上有十万牛顿的压力。在实验中，纸袋里面气压增加，大于纸袋外的大气压强，仅仅是这个气压差作用在纸袋上，也能产生很大的力。

点评

实验用到的是大气压强知识，有助于提高孩子对物理的兴趣。

知识拓展

抽水机是利用大气压强工作的。抽水机有活塞式抽水机和离心式抽水机，它们都是利用大气压强的原理工作的，也就是说，如果水面上没有大气压强，它们是无法抽上水来的。

实验七十三  失效的吸管

（趣味指数 ★ ★ ★ ★ ★　安全指数 ★ ★ ★ ★）

提出问题

　　梦琪知道用吸管喝牛奶是借助于大气压强。她做了个恶作剧，故意在艺璇的吸管上偷偷剪了几个小口，你猜艺璇能用这支吸管吸上奶来吗？

猜想与假设

　　吸管破了，无法利用大气压强，应该不能吸上奶。

设计并进行实验

实验材料

两根塑料吸管、杯子、水、剪刀。

实验步骤

STEP 01 准备两根吸管，在其中一根吸管上剪开几个小口。

STEP 02 分别用这两根吸管去吸杯中的水，发现一根吸管很
好用，而另一根吸管却吸不上来。

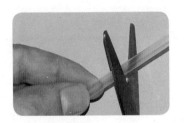

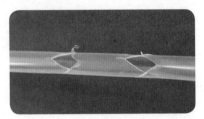

实验原理分析与论证

用吸管吸液体，主要是利用大气压强。当把吸管一端插入液面，另一端用口含住时，管中封闭了一部分空气，当把这部分空气吸入口中，吸管里的气压迅速减小，液面上的大气压强就把液体压上来了。如果管壁有小口，在吸入空气时，外面空气可以从小口中进入，从而难以使管内气压大幅减小，因此不能吸上液体。

> **点评**
>
> 　　体会物理知识的趣味性和实用性。

知识拓展

大气压强在地球上的变化规律是：随着高度的增大而减小。另外气压也与季节有关，冬季气压比夏天气压高。

实验七十四 ▶ 虹吸现象

（趣味指数 ★★★★★　安全指数 ★★★★★）

提出问题

到了给鱼缸里的小鱼换水的时间了。梦琪和艺璇忙着找盆把水盛出来。曹老师拿了一根塑料管，教给她们一个省事的办法。是什么办法呢？有什么科学道理？

猜想与假设

液体压强或者大气压强知识的应用。

设计并进行实验

实验材料

两个容器、一根塑料管（或橡胶管）、水。

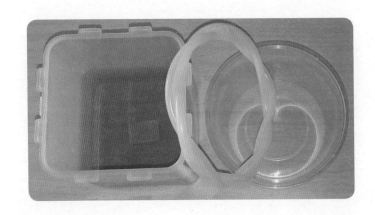

实验步骤

STEP 01 在一个容器里盛上水放在高处，另一容器放在低处。

STEP 02 先在塑料管里装上小半段水，用手指堵住一端的管口，将另一端提起，竖着拿塑料管。

STEP 03 将提起的管口伸到上面容器的水面下，用手指堵住的管口放到下面的容器内。

STEP 04 松开堵水的手指，由于重力作用，水会流出来，然后你会发现大气压强把上面容器的水源源不断地压出来。

实验原理分析与论证

封闭容器中的液体可以把受到的压强向各个方向传递。虹吸现象中的这根管子，可以看作密闭容器，当上面管口受到的压强大，下端管口处受到的压强小并且一直保持着差值，那么水就会从上面管口源源不断地往流下来。

点评

培养孩子的科学态度和科学精神。

注意事项：

两个容器要有一定的高度差。

· ·

趣味物理小问答

问：匀速圆周运动（速度大小不变，轨迹是圆形，这样的运动叫作匀速圆周运动）是运动状态不变吗？

答：不是。力的一个重要效果就是改变物体的运动状态，包括物体由运动变为静止、由静止变为运动、速度大小发生变化、运动方向发生变化这些情况。匀速圆周运动虽然速度大小不变，但是运动方向一直在改变，因此也属于运动状态发生了改变。

实验七十五　制作"公道杯"

（趣味指数★★★★★　安全指数★★★★）

提出问题

曹老师给梦琪和艺璇讲了"公道杯"的故事。传说，明朝时期，景德镇向皇帝朱元璋进贡了一种"九龙杯"，朱元璋用这个杯子大宴群臣时，大臣自己斟美酒，凡是斟满杯的，过一会儿酒就会自己不见了；而只倒大半杯的人，却能正常品尝美酒。这对贪心者起到警示作用，朱元璋认为"很公道"，便把这种杯子命名为"公道杯"。听完这个故事姐妹俩都产生了强烈的好奇心，酒到底跑到哪里去了？

猜想与假设

是不是与大气压强或者液体压强有关呢？

设计并进行实验

实验材料

带瓶盖的旧塑料奶瓶、钢尺、可以弯曲的塑料吸管、剪刀、双面胶、锥子、塑料纸、密封胶、水。

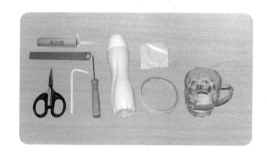

实验步骤

STEP01 在塑料奶瓶底向上约 3.5 厘米处，用剪刀剪开并修饰整齐，使其成为一个杯子。

STEP02 在杯子的杯底，用锥子扎一个小孔，小孔的大小要与吸管截面相当。

STEP03 将吸管长端从杯里的小孔穿出，直到吸管短端触及杯底，注意弯头处要比杯子上沿低约半厘米。

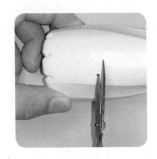 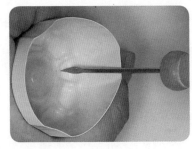 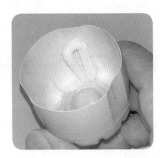

STEP04 将穿出杯底的直管只留 1 厘米左右，将多余的斜着剪去。

STEP05 用密封胶把小孔处吸管与杯底的空隙封死。

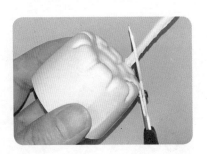 

STEP 06 裁长 5 厘米、宽 4 厘米的塑料纸（瓶上的包装纸）。

STEP 07 将塑料纸从杯子内部把有吸管的部分盖住，注意白纸面向外。两边用双面胶粘好。杯沿上多余的部分，翻到外面杯沿下，用双面胶粘好。

STEP 08 用双面胶从外面绕杯沿一周粘好，外层保留，不要剪下来。

STEP 09 将做好的杯子放在瓶盖上，即将瓶盖作为底座，组成一个有底座的杯子（也可以找其他大小合适的杯子做底座）。

STEP 10 用锥子在瓶盖上部扎一个小孔，注意不要扎到上面的杯底。这样一个"公道杯"就做好了。

STEP 11 倒入大半杯水，等待一段时间发现没有异样的情况出现。

STEP 12 继续倒入水，将上面杯子倒满，观察会发现水位很快下降，直到水基本消失。

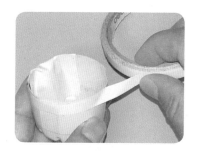

实验原理分析与论证

本实验原理是：当液面不超过弯管最上部时，液体不会通过弯管流出去，因此如果不太满，杯子没有任何异样。液面一旦超过了弯管，由于连通器的道理，液面要保持相平，所以会从弯管向外流，这样弯管就充满了液体，根据虹吸原理可知，杯中液面有大气压强，会把液体全部压出来。压出来的水会进入下面的杯座。杯座上部为什么要开一个小孔呢？是为了杯座里面流进液体时，空气可以顺利从小孔排出，液体从杯子进入杯底没有障碍。

点评

培养科学态度和科学精神，激发孩子的学习兴趣和探究精神。

注意事项：

用到剪刀、锥子等，注意安全。

知识拓展

大气压强与天气是有很大关系的，当天气晴朗气压会变高；当阴天时气压就会变低，所以气压变化情况是天气预报一项重要参考指标。

 自动喂水器

（趣味指数 ★ ★ ★ ★ ★　安全指数 ★ ★ ★ ★ ）

提出问题

　　梦琪家里养了几只小鸡，需要给小鸡喂水，曹老师教她们做了一个自动喂水器。用了什么科学原理呢？

猜想与假设

　　大气压强的知识。

设计并进行实验

实验材料

瓶子、铁丝、水、水槽（不要太大）、钳子。

实验步骤

STEP 01 用铁丝做一个支架，可以把瓶子倒扣在上面，并能将瓶子在支架上固定，瓶口距离支持面大约2厘米即可。

STEP 02 把支架放到水槽里。

STEP 03 将瓶子装满水，迅速倒扣在支架上，这时观察瓶中的水，流出一部分后，水槽里的水面上升把瓶口封住，水不再向下流。

STEP 04 只要用杯子从水槽里舀去一些水，瓶子中的水就会向外流，并很快停止。水槽中的水随少随添，用它来给小鸡喂水，很方便。

实验原理分析与论证

瓶中的水虽然高出水面很多，但由于水槽里水面上有大气压强，因此并不能流出。

点评

本实验涉及大气压强知识，引导孩子将知识运用于实践。

趣味物理小问答

问：回声是怎么回事？

答：声音是以声波的形式传播，当声波遇到障碍物就会反射回来形成回声。但是人们要想听出回声（与原声区分开），需要原声与回声相隔 0.1 秒以上，也就是说障碍物离发声体要有一定的距离，如果超出这个距离，回声与原声会相差 0.1 秒以上，可以听出是两个声音；如果障碍物比较近，回声与原声相差不到 0.1 秒，那就听不出来。

实验七十七 给气球拔罐子

（趣味指数 ★★★★★　安全指数 ★★★）

提出问题

"拔罐子"，现在的小朋友可能不知道是什么意思，可以问一问父母。

曹老师带领梦琪和艺璇体验了一次给气球"拔罐子"，快来看是什么原理吧！

猜想与假设

与大气压强有关系。

设计并进行实验

实验材料

气球、小玻璃瓶、热水。

实验步骤

STEP01 把气球吹上气后，扎好口。

STEP02 把小玻璃瓶扣在气球上，它们是不能紧密结合的，很容易拿下来。

STEP03 在小玻璃瓶中倒入热水，过十几秒，手垫餐巾纸或者毛巾，把热水倒掉，然后把杯口扣在气球上。

STEP04 过一段时间，发现小玻璃瓶被吸在了气球上，仔细观察，发现球皮凸进了杯口。

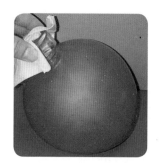  

实验原理分析与论证

这是因为杯子内空气温度降低，气压减小，气球内气压大，于是把气球压进杯子。这与中医学上"拔火罐"的道理是一样的。

点评

本实验用到大气压强的相关知识，体现物理与生活的紧密联系，让孩子学以致用。

注意事项：

用到热水，小心烫伤，操作时戴手套或者垫着毛巾比较好。

趣味物理小问答

问：下雪后，为什么感到很寂静？

答：这是因为雪花松软多孔，可以吸收声波，减少了声波的反射，所以让人感到寂静。同样的道理，剧场、影院的墙壁也不会很光滑，而是加了一层类似于毛毯的材料，起到吸收声波的效果，减少声音的反射，有利于观众听清音响设备放出来的声音。

实验七十八 · 吸管取水

（趣味指数 ★★★★　安全指数 ★★★★★）

提出问题

　　曹老师递给梦琪和艺璇一根吸管，让她们从瓶子里往外取水，这可让她们为难了，你能替她们想出办法吗？

猜想与假设

　　利用液体压强或者大气压强。

设计并进行实验

实验材料

塑料吸管、茶杯、玻璃杯、水。

实验步骤

STEP 01 在玻璃杯里装满水，将吸管尖端插入水中。

STEP 02 用手指将吸管口堵住，把吸管从水中提起来，发现吸管中有一段水，即使提在空中水也没有流下来。

STEP 03 将吸管移到茶杯上方，将堵住吸管的手指松开，水流了下来。

实验原理分析与论证

　　吸管插入水中，由于大气压强作用，吸管里会进去一段水，当把吸管提出水面时，由于大气压强和液体表面张力的作用，吸管中存的水不会流下来，把它移到茶杯上，只要一松开手指，水就会流下来，这样反复操作，就把水移过来了。

点评

　　本实验用到的是大气压强的知识,培养孩子应用知识解决实际问题的能力。

趣味物理小问答

问:动物的叫声都是通过嘴巴发出来的吗?

　　答:并不是所有的动物的叫声都是通过嘴巴发出的。比如蝉,是通过鼓膜振动发声。蟋蟀是通过后背上的翅膀摩擦产生振动发声。蚊子的叫声,其实是它扇动翅膀发出的声音。

实验七十九 ▷ 亲密的玻璃

（趣味指数 ★★★　安全指数 ★★★★）

❓ 提出问题

你相信玻璃不用胶水就能牢牢粘在一起吗？看看梦琪和艺璇做的小实验吧，你能解释其中的道理吗？

> **猜想与假设**
>
> 实验是利用液体压强还是大气压强呢？

设计并进行实验

实验材料

两块玻璃、水。

实验步骤

STEP 01 把两块玻璃靠在一起，发现它们很容易就能够分开。

STEP 02 在它们之间洒上一些水，再把它们贴在一起，发现玻璃很难分开，水又不是胶水，怎么会把玻璃粘这么紧呢？

实验原理分析与论证

这是因为水排出了玻璃之间的空气，大气压强把玻璃紧紧压在一起。

点评

这是一个关于大气压强的趣味实验，具有实用性，体现了物理与生活的紧密联系。

注意事项：

小心玻璃边缘，不要割破手，不要把玻璃掉到地上。

知识拓展

　　钱三强（1913年10月16日—1992年6月28日），核物理学家，中国原子能科学事业的创始人，"两弹一星"功勋奖章获得者。他发现了重原子核三分裂、四分裂现象并对三分裂机制作了科学的解释。他为中国原子能科学事业的创立、发展和"两弹"研制作出了突出贡献。

 大试管吞小试管

（趣味指数★★★★★　安全指数★★★★★）

? 提出问题

曹老师拿出两支试管，让梦琪和艺璇观察一个神奇的现象，并让她俩解释。你能解释其中的道理吗？

猜想与假设

实验和大气压强有关。

设计并进行实验

实验材料

一支大试管、一支小试管（口径比大试管略小可以套在一起）、水。

实验步骤

STEP 01 在大试管中装入水，管口向上。

STEP 02 将小试管底端套进大试管一部分，此过程有部分水从大试管流出。

STEP 03 迅速把两支试管倒过来，松开拿小试管的手，此时两支试管口向下，随着水的流出，可以看到小试管不但没有下落反而向上升，直到全部被大试管吞进去。

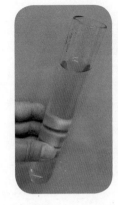

实验原理分析与论证

大气压强把小试管压入了大试管。

点评

通过实验，让孩子了解生活中与大气压强相关的一些现象，锻炼孩子把所学知识应用于实践的能力。

知识拓展

吴有训(1897年4月26日—1977年11月30日)，物理学家、教育家。他是中国近代物理学的开拓者和奠基人之一。他验证了康普顿效应，发表了文章《论单原子气体全散射 X 射线的强度》。他为中国物理学的人才培养作出了贡献。